北京市宣传文化高层次人才培养资助项目

古今水事话京华

周坤朋　王崇臣　王　鹏　编　著

中国建设科技出版社 有限责任公司
China Construction Science and Technology Press Co., Ltd.
北　京

图书在版编目（CIP）数据

古今水事话京华/周坤朋，王崇臣，王鹏编著.
北京：中国建设科技出版社有限责任公司，2025.3.
ISBN 978-7-5160-4374-5

Ⅰ.TV-092

中国国家版本馆 CIP 数据核字第 2025BV2341 号

古今水事话京华
GUJIN SHUISHI HUA JINGHUA
周坤朋　王崇臣　王　鹏　编著

出版发行：中国建设科技出版社有限责任公司
地　　址：北京市西城区白纸坊东街 2 号院 6 号楼
邮　　编：100054
经　　销：全国各地新华书店
印　　刷：北京印刷集团有限责任公司
开　　本：787mm×1092mm　1/16
印　　张：12.75
字　　数：280 千字
版　　次：2025 年 3 月第 1 版
印　　次：2025 年 3 月第 1 次
定　　价：**58.00 元**

前　言

游西山诗十二首·西湖

〔明〕文徵明

春湖落日水拖蓝，天影楼台上下涵。

十里青山行画里，双飞白鸟似江南。

思家忽动扁舟兴，顾影深怀短绶惭。

不尽平生淹恋意，绿阴深处更停骖。①

　　500年前，明代才子文徵明在京师游玩时，写下了这首赞美颐和园水域风光的诗，北京湖光山色、水陌纵横的水乡景色跃然纸上。诗中描写的景象在当下北京似乎难以想象，但是翻开北京的历史，会发现这座城市曾经确实河流遍布、清泉四溢。

　　上古时期，永定河自北京西北群山穿切峡谷，裹挟着大量的泥沙，与潮白河等其他四大水系一道，冲积形成了沃野千里、潜流暗涌的北京小平原。在此后的岁月中，永定河在平原上频繁泛滥、改道，遗留了众多河湖水泊，吸引诸多王朝在此建都立业，古老的北京城正是起源于这样一片河网池沼之上。

　　3000年前，古蓟城西郊有一片辽阔的自然湖泊，时称"西湖"（今莲花池），蓟城就是在这片湖泽上自然地孕育起来的。古时的蓟城"绿野平畴，流泉萦绕，湖塘相间"②。之后金代依托西湖完善了都城的水网格局，在辽之南京旧址之上建立了"深壕环绕，里外三重"的都城，史称"金中都"，这也是在蓟城原址上建造的最大城市。元灭金后，大都城的规划者刘秉忠在金中都东北处，选择了原永定河故道遗留的一片水泊（现在的什刹海、北海和中海水域）为中心建城，四周建城墙，外挖护城河，城内水泊一分为二，北部改建成漕运码头，南部圈入皇城御苑。为满足漕运和宫苑用水，元朝修建了通惠河，打通了通州至大都最后一段漕运；开凿了金水河，使清澈的玉泉山水温润整个御苑。丰沛的水资源，造就了大都城完美的水网格局，也给大都城带来了便利的交通。

　　明清时期，北京城的水网基本延续了元朝的格局。明朝在元朝基础上建造北京城，形成层层环绕的护城河水系，使城市水系更加完善。清朝则依托昆明湖周边河湖环境构

　　① 刘侗，于弈正．帝京景物略：卷七［M］．北京：北京古籍出版社，1983．
　　② 吴文涛．北京水利史［M］．北京：人民出版社，2013．

筑了"三山五园"，赋予了北京城更多"城市山林"的野逸气质。

除了密布的河网湖沼，北京的水韵特色还体现在充沛的地下水源上。北京所处平原是由泥沙淤积而成，加之永定河多次改道，遗留下了丰富的地下水资源。由于其地下水位浅，在地上随便挖几锹，便有水汩汩地冒出，为北京居民用水提供了便捷的条件。水井是古代居民的主要水源，在城市分布广泛。从现存北京的地名上，依旧可以看出古时北京水井遍布的景象，如现在的二眼井、三眼井、四眼井、王府井、铜井等，类似这种井的地名北京目前有 80 多个。

充沛的地下水源在低洼的地方露出水头来，汇集成片，就形成了众多的湖泊、湿地。这些湖泊、湿地古时被称为"淀"，北京周边曾有数量众多的湖淀。《日下旧闻考》记载："淀，泊属，浅泉也。近畿则有方淀、三角淀、大淀、小淀、清淀、泗淀、涝淀、护淀、畴淀、延芳淀、小蓝淀、大蓝淀、得胜淀、高桥淀、金盏淀……凡九十九淀。"[①]早在辽代，北京东南部就有"方数百里"的水泊"延芳淀"，水中野鸭、天鹅群集，菱芡丛生，辽主每至春日必率后妃、文武百官前来游猎。

《辽史》载："延芳淀方数百里，春时鹅鹜所聚，夏秋多菱芡。国主春猎，卫士皆衣墨绿，各持连锤、鹰食、刺鹅锥……"[②]辽、金、元时期的帝王都曾在延芳淀建有行宫。直到清后期，延芳淀才消失。京城东南部有延芳淀，南部则有南海子。元代时南海子被称为"飞放泊"，其水面广阔，"环周一百六十里"，是王公贵族游猎之地。明清时，水草丰盛的南海子被圈入皇家御苑，供皇帝、王公们行猎之用。

丰富的水资源还体现在北京众多的地名上。如朝阳区东北部的金盏乡，"金盏"就是一个湖泊的名字，清初历史地理学家顾祖禹在《读史方舆纪要》中记载："金盏儿淀，（通）州北二十五里，广袤三顷，水上有花如金盏，因名。"[③] 如今北京西北部的海淀区也是因为历史上遍布湖泊沼泽而得名。清代依据海淀上风上水、多湿地的特点，在海淀营造了"三山五园"，这些园林湖泊浩渺，山水映衬，使得海淀地区俨然一派江南水乡的山水景色。除此之外，北京还有众多以河沟命名的地名，如北河沿、南河沿、二里沟、三里河等，代表了古时北京众多的河道沟渠。

近代以来，受自然气候变化和人口规模增长的影响，北京水环境发生了较大的转变：城市内外诸多河流面临着断流的窘境，永定河一度干涸，"干旱""水资源短缺"也一度成为北京面临的困境。然而，值得庆幸的是，随着近年来政府加大对水生态的治理和恢复，北京的水环境正在逐步改善，昔日断流的永定河全线通水，前门三里河、玉河等越来越多的河湖得到了复原，北京昔日优美的水环境有望再现。

在这样的背景下，为了追忆北京曾经的水韵风情，探寻古代城市水环境的"印记"，为未来水环境保护和建设提供一个美好的"愿景"，北京建筑大学水文化团队于 2016 年

① 于敏中. 日下旧闻考：卷七十九 ［M］. 北京：北京古籍出版社，1981.

② 托克托. 辽史：卷四十志第十·地理志四 ［M］. 北京：商务印书馆，2013.

③ 顾祖禹. 读史方舆纪要：卷十一 ［M］. 上海：商务印书馆，1937.

开始进行北京水文化遗产调研工作，团队利用"北京水文化"公众号，以散文的形式，图文并茂地叙述了北京典型水文化遗迹的历史故事，阐述了其丰富的历史文化内涵。公众号文章以生动活泼、叙述多样为原则，力求科普性、文学性和趣味性相结合。自开通至今，公众号推送文章近百篇，得到读者的广泛好评和转发。为了让更多人认识北京曾经优美的水环境和丰富的文化底蕴，团队特将微信公众号部分文章集结成册，于是有了本书的问世。

本书得以付梓是团队共同努力的结果，王崇臣负责本书的审核和组稿，周坤朋负责本书文稿的撰写，王鹏负责部分文章的校阅，尚君慧绘制了部分图片，宿玉、朱娜、董艳丽、吴礴、刘烨辉、赵大维、潘悦、陈新新等同学也参与了相关编写工作（相关文章已在书中署名）。在此向他们表示衷心的感谢！同时，感谢北京建筑大学人文与社会科学学院秦红岭院长对编写工作的支持，感谢北京永定河文化研究会副会长侯秀丽老师对本书的指导，感谢中国建设科技出版社高艺笑编辑为本书出版付出的心血。

本书的出版得到了北京市宣传文化高层次人才培养资助项目和北京建筑大学人文与社会科学学院学科筹备建设项目（2024年）的大力支持与资助，在此特别表示感谢！

此外，本书还参考了同行专家学者的学术成果，在此一并感谢！由于作者才疏学浅，书中可能尚存在有待进一步探讨的地方，期盼得到同行专家学者的指正。

编著者
2024 年 10 月

目　　录

第一章
碧水纵横

水孕古城

> "凡立国都,非于大山之下,必于广川之上。高毋近旱,而水用足;下毋近水,而沟防省。"[①]
>
> ——《管子·乘马》

自古以来,河流经过的地方都是人类居住建城的首选之地,河流也是人类城市文明的摇篮,为人类提供日常用水、方便的交通及良好的自然条件。世界四大文明古国皆发源于大河流域。长江黄河滋养了灿烂的中华文化,尼罗河孕育了古埃及的奇迹,恒河浇筑了古印度的不朽,幼发拉底河和底格里斯河成就了繁盛的古巴比伦传说。

北京作为举世闻名的东方历史文化名城,拥有3000多年的建城史,同样也因水而建,因水而兴。北京地处东经116°,北纬40°,地势三面环山,一面向海。古人曾以"京师古幽蓟之地,左环沧海,右拥太行,北枕居庸,南襟河济,形胜甲于天下,诚所谓天府之国"[②] 描述北京的地理位置。其西部为西山,属太行山脉;北部和东北部为军都山,属燕山山脉,太行山与燕山在南口附近的关沟交会,三面山脉围合成一个弧形大山湾,而北京处于山湾之中,面向渤海湾,形成西北高、东南低的地势。曾有唐诗"海畔云山拥蓟城"形容北京的地理位置。

西、北、东三面连绵不断的群山峻拔高耸,山涧气候湿润,植被茂盛,地下水资源丰富,山泉涌现、溪流散布,小的溪流从西北部的崇山峻岭流出,流向东南平原,蜿蜒汇流成大的水系,形成孕育北京的五大水系:永定河水系、北运河水系、潮白河水系、拒马河水系(大清河水系)、沟河水系(蓟运河水系)(图1-1)。这些水系自西北流向东南,河流挟带泥沙冲积形成了辽阔的北京小平原,为城市的起源发展提供了肥沃的土壤,而散布在平原上纵横交织的河网和大大小小的湖泊、沼泽,滋养着沿岸居民,孕育了北京几千年的历史文明。

---

① 管仲.管子[M].长春:时代文艺出版社,2008.
② 李贤,彭时,吕原,等.大明一统志:卷一[M].西安:三秦出版社,1990.

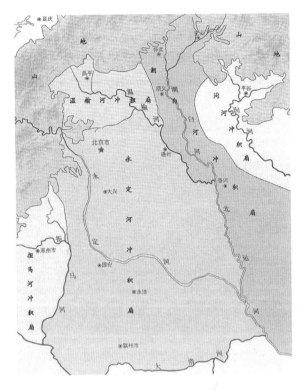

图 1-1　五大水系冲积扇

在孕育北京的五大水系中，以永定河规模最大（图 1-2）。永定河上源分为桑干河和洋河，其中桑干河发源于山西省宁武管涔山天池，洋河发源于内蒙古高原南缘，两河在河北怀来交汇形成永定河，又经三家店、石景山等地，最后汇入渤海。永定河对北京城的形成和发展起着举足轻重的作用，被人们誉为"北京的摇篮""北京的母亲河"。河流流经高原黄壤，挟带大量泥沙砾石，在下游淤积，经过亿万年的积累后，最终形成了巨大的洪积冲积扇，造就了沃野丰饶的北京湾，为北京城市的形成与发展提供了先决条件。同时历史上永定河迁徙无定，多次变道，直至康熙年间河道才基本"安定"下来，康熙皇帝赐此河"永定河"之名。河道迁徙无常虽给两岸居民带来巨大危害，但永定河迁徙后，在原故道上遗留下众多河湖池沼，如莲花池、高粱河、什刹海等，这些河流成为日后北京都城建设的重要依托。

如果说北京城的形成源于永定河水系，那么北京城的发展和繁荣则离不开另一水系——北运河水系。北运河水系流域宽广、涵盖海淀、东城、西城、朝阳、通州等多个区，其上游称为"温榆河"。温榆河由昌平境内北山及西山的诸小水流汇集而成，河流至通州北关与通惠河及其他中小河汇流后，称为北运河。北运河是北运河水系的干流，也是京杭大运河的北段，古称"沽河""潞河"，河段自通州北关起，南流汇集凉水河、萧太后河后，经香河、武清，东入渤海。北运河水系一直是北京物资运输的重要通道（图 1-3）。上游温榆河历史悠久，汉代时就被两岸人民开发利用，至明清时成为通州以北水路运输的重要通道。北运河干流汇集通惠河①、萧太后河②等水系支流，更是古代北京漕运的命脉。辽金时期，坝河、萧太后河就是北京城重要的漕运通道。元代大都城建立后，为满足大都城的物资需求，遂疏通了京杭大运河，并以北运河作为京杭大运河北端。由此北运河成为大都城经济的命脉，对北京政治、军事、经济、文化等都产生了深远的影响。

图1-2 永定河（卢沟桥段）

图1-3 北运河（大运河森林公园段）

潮白河水系是北京地区的第二大水系，水系上游分为潮河、白河。潮河发源于河北省丰宁县草碾沟南山，经古北口汇入密云水库。白河发源于河北省沽源县大马群山，在河北省张家口市赤城县下堡村附近入北京延庆，在张家坟注入密云水库，两河出库后在

---

① 通惠河位于北京市东郊，源于东城区东北护城河，是元代时重要运粮河道。

② 萧太后河位于北京的东南部，因辽萧太后主持开挖而得名，是北京最早的人工运河。最初是为军粮运送所用，后成为皇家漕运的重要航道。

河漕村汇合，始称潮白河（图1-4）。汇合后的潮白河向南流经平原地区，汇流怀河、箭杆河等，在通州大沙务以东出北京市境。历史上潮河、白河水量充沛，潮河曾是北运河重要的水源补充，潮河和白河也曾多次发生迁徙成为北运河漕运通道，明嘉靖年间亦曾利用潮白河通漕。中华人民共和国成立后，潮白河上游水系被开发利用，水系上游修建密云水库、怀柔水库等水库，并以京密引水渠向北京供水，潮白河现已成为北京市供水的主动脉。

图1-4　潮白河

　　拒马河水系（又称大清河水系）地处北京西南边缘，古名"涞水"，相传曾因拒石勒之马南下①，而名"拒马河"。河流发源于河北省涞源县西北太行山麓，水源由山涧溪流汇流而成。河流流经房山峡谷地带，形成著名的"十渡风景区"；在张坊镇又分为南北两支，北支流经北京境内，称为"北拒马河"，沿途汇流大石河、小清河，流经河北省涿州市，在河北高碑店市白沟镇与南拒马河汇流入大清河（图1-5）。拒马河虽地处北京边缘，但同样对北京历史产生过重要影响。北京地区发现最早的直立人——周口店北京猿人，以及北京古都城遗址——西周燕国都城，都诞生在拒马河的大石河流域，拒马河可以说是北京人类文明和城市文明的重要发源地之一。春秋时期，古燕国曾在拒马河上游河谷引水灌溉燕国督亢（今河北涿州地区），史书记载督亢地区"岁收稻粟数十万石"正是得益于这一水利灌溉工程。

---

　　① 十六国时期，石勒为后赵政权建立者，其疆域包括今河北、山西、陕西、山东等地。308—318年，石勒率大军从太行山区攻掠河北内地。晋朝将领刘琨在涞源县拒马河畔，扼守以拒石勒。

图 1-5　拒马河

　　洵河水系（又称蓟运河水系）位于北京东北边缘，是北京流域面积最小的水系。河流发源于河北省承德市兴隆县青灰岭，流经天津市蓟州区、北京市平谷区、河北省三河市故城，沿途纳入错河和金鸡河，至张古庄与州河相汇，始称"蓟运河"。洵河水系自西向东流，扼守住北京东北隅，自古为兵家必争之地，地理位置十分重要。河流下游河床整齐，河槽较深，自战国时期就已开通水运。唐代诗人李清云曾有《洵水渡》描述洵河："洵河流古今，云帆漫水来。鸟冲鱼儿遁，波涌堤岸拍。军粮积如山，车马运征埃。边关用武地，供给亦劳哉。"至明朝时，平谷成为边防要地，平谷、蓟州等地驻军数万、畜骑千匹，大部分军需粮饷都需经洵河运输，洵河水运在明永乐年间达到鼎盛，如诗云："边关戍守军营，漕运辎饷供应，舣舶舳舻蔽水，卸装风起云涌。"

　　数千年来，北京的五大水系经过漫长的历史变迁，形成大大小小的河流、池沼，这些河湖在华北平原上纵横交错，水网支系犹如一个血脉网络，灌溉着北京肥沃的土壤，哺育着河岸人民，为北京城市的发展提供着源源不断的给养物资和便利交通，造就了北京灿烂的历史文明。

母亲河畔 （一）

自古以来，城市的兴衰都与河流有着鱼水相依的关系。世界上许多大的城市都是依靠河流发展而来，很多时候河流就是一个城市的代名词。在北京也有这么一条河，对城市起源、发展有着深远的影响，这就是北京城的"母亲河"——永定河。

永定河为北京地区五大水系之一，不仅是北京地区的最大河流，也是对北京地区影响最为深远的河流。在地理环境层面，这条河流孕育了北京的地理环境，催生了城市发展，北京的平原、山川乃至河流、池沼大多都有它的印记。在历史文化层面，这条河流为城市的发展提供补给，促进了区域的文化交流繁荣，影响着交通、水利、园林等城市文化的各个方面。

永定河，在历史上有㶟水、清泉河、桑干河、卢沟河、浑河等许多称呼，至清康熙年间，经过疏浚、加固堤岸，才定名为永定河。永定河上游由桑干河和洋河两大河流汇集而成，其中桑干河发源于山西省宁武县管涔山天池，洋河发源于内蒙古自治区兴和县，两条河流在河北省怀来县汇合后，出河北，经北京、天津，在天津北塘注入渤海。永定河全长 747 千米，流经山西、内蒙古、河北、北京、天津等 5 省市 27 个县，流域面积 47016 平方千米（图 1-6）。永定河上游地处黄土高原，土质疏松，土壤侵蚀严重。亿万年前，永定河自上游携带大量泥沙，冲入北京山前地带，形成较大的洪积扇，连同沟河、潮白河、温榆河等河流，经过亿万年的淤积，最终形成了地势平坦、土壤肥沃、河湖纵横的北京小平原，为北京提供了建城的空间和适宜耕种的土壤[①]。北京早期先民即在这一地域定居、繁衍，从最初的简单聚落逐步发展成人口密集、经贸繁盛的都邑[②]，再到元明清时期发展成为全国的政治、经济和文化中心。

---

① 苏宝敦. 拒马河，北京的母亲河 [J]. 海内与海外，2013 (5)：57-59.
② 汪永晨. 枯竭的永定河：从北京母亲河源头说起 [J]. 中国科学探险，2013 (3)：32-32.

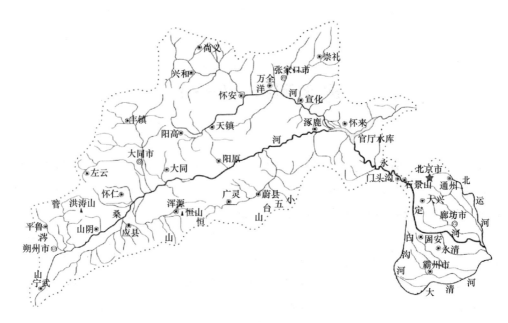

图 1-6　永定河水系图

　　永定河的变迁为城市兴起提供了优良的自然环境，也深深地影响着城市的选址布局、供水、物资、园囿建设等方方面面。这种影响首先体现在城市的布局上。一万年以来，河流在夏季汛期水势汹涌，自西北群山冲出后，在北京小平原上不断地宣泄、摆动。在以三家店为起点，北起今天的清河，西到小清河、白沟河，方圆百里的范围内，永定河就曾经留下了几十条故道①。其中离北京较近的大型故道有三条：第一条为古故道，由衙门口东流，沿八宝山北侧转向东北，经海淀，循清河向东与温榆河相汇；第二条为西汉前故道，自衙门口东流，经田村、紫竹院，由德胜门附近入城内"六海"，后转向东南，经正阳门、鲜鱼口、红桥、龙潭湖流出城外；第三条为三国至辽代故道，自卢沟桥一带，经看丹村、南苑到马驹桥②（图 1-8）。永定河迁徙过程中形成了莲花河、高梁河、海淀水泊、南海子等河湖水系，成为北京城市发展的重要依托。从古蓟城到金代的中都城皆以莲花河水系为主要水源，元大都和明清北京城则主要依托高梁河水系。

　　河流的迁徙变道同样对北京城市的生活和园囿建设有着深远的影响。由于永定河故道遍及北京小平原，遗留下了充沛的地下水资源。城市居民由此可以凿井汲水，大大小小的水井遍布城市街巷，形成了独特的水井文化。而在郊区溢出地表的地下水，喷涌为泉，停潴为湖，为北京皇家园林的建设提供了优良条件，如金代在北海周边建筑的万宁宫、明代修建的南海子行宫、清代依海淀水泊修建的三山五园等。

　　永定河对于北京的影响还体现在水利建设方面。城市对于水的需求是巨大的，城市

　　①　中共北京市门头沟区委宣传部. 永定河，北京的母亲河［M］. 北京：文化艺术出版社，2004.
　　②　齐鸿浩. 打造"永定河文化"品牌［J］. 北京观察，2004（6）：8-11.

的灌溉、漕运、城防等都需要耗费巨大的水资源。在北京周边水量最为充沛的河流当属永定河，所以"永定河引水"工程也是历朝历代水利建设的一个主题。早在三国曹魏时期，镇北将军刘靖[1]率民众在今天的四平山旁的永定河上修建拦河坝（史称"戾陵遏"或"戾陵堰"），开凿一条渠（史称"车箱渠"）将水东引至高梁河（图1-7）[2]，"自蓟西北迳昌平，东尽渔阳潞县，凡所润含四五百里，所灌田万有余顷……"[3]。至金代，为给漕运闸河供水，朝廷自金口（今麻峪村）引永定河水，经三国曹魏时的车箱渠故道，流经中都城北护城河，东济闸河漕运，史称"金口河"（图1-8）。《河渠志》载："大定十年，议决卢沟以通京师漕运。"[4] 但因永定河汛期水势凶猛，直接威胁中都城的安全，后来不得不把金口河河口闭塞。此后，元代又曾重开金口河，以利用永定河水。不过这几次对永定河的开发利用，均因河流水势汹涌而失败，古代北京对这条水量充沛的河流只能"望河兴叹"。

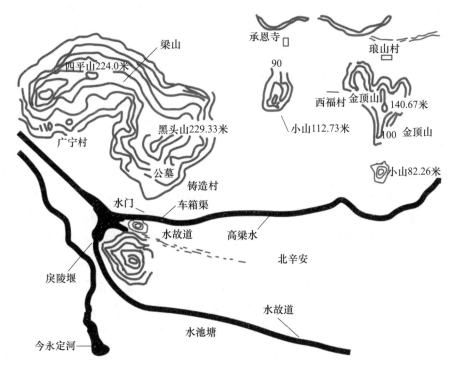

图 1-7　戾陵堰、车箱渠位置示意图

---

① 刘靖（？—254年），字文恭，沛国相县（今安徽省濉溪县）人，扬州刺史刘馥之子。历任曹魏黄门侍郎等，出为镇北将军、假节，都督河北诸军事、开拓边守、屯据险要、兴修水利，使百姓获利。
② 吴文涛. 戾陵堰、车箱渠所在位置及相关地物考辨［J］. 北京社会科学，2012（5）：88-95.
③ 郦道元. 水经注：卷十四［M］. 上海：商务印书馆，1933.
④ 托克托. 金史［M］. 北京：中华书局，1975.

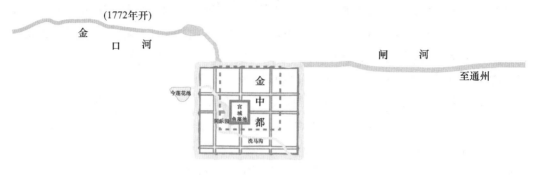

图 1-8　金中都和金口河示意图

　　一个城市的发展必须依赖水、粮、燃料这三大货物的供给。历史上北京城所需的粮食主要依靠漕运、海运从各地征集而来，水源靠周边河流湖泊供给，而燃料则来源于永定河。永定河流域广阔，其所流经的西部群山森林广袤，矿产资源众多。自辽代起，门头沟、房山一带就兴起了采煤业，煤炭沿永定河源源不断运往城市。而元明以来，京城百万人家，皆以石炭为薪。元代时门头沟大峪的煤窑已颇具规模。《析津志辑佚》记载："城中内外经纪之人，每至九月间买牛装车，往西山窑头载取煤炭，往来于此。新安及城下货卖，咸以驴马负荆筐入市，盖趁其时。冬月，则冰坚水涸，车牛直抵窑前；及春则冰解，浑河水泛则难行矣。"[①] 同时，古代城市和皇宫所用的木材和木柴也多取自永定河流域的森林。明清时期，城市人口规模庞大，为满足日益增长的木柴、木炭需求，朝廷设置专门掌管薪柴供应的"惜薪司"。木柴在永定河上游被砍伐后，沿河道漂流而下，至今天的石景山河段的渡口，捞上岸晒干再运往京城。而除柴薪外，城市营建所需的木材、石料，以及百姓所需的生活资料也多取自永定河流域。元初修建大都城时，就从西山砍伐木材，以木筏的形式沿着卢沟河运送至卢沟桥，再转陆路运至大都城。永定河流域石材资源丰富，盛产各种石料，如石灰岩、页岩石、青石、花岗岩、玄武岩等。河流沿岸石灰岩储量大、品质好。明清几代都在门头沟设置烧灰的管理机构，永定河两岸的村庄，都曾长期为京城烧石灰。永定河上游的琉璃渠村，盛产高品质的页岩石，元代即在此设立"琉璃局"烧制琉璃瓦件，专供皇家建筑使用，至今故宫、颐和园等文物古迹所用的琉璃构件还在琉璃渠村烧制。永定河沿岸这些丰富的矿产为北京建设和城市生活提供了不可或缺的资源，上至皇家的雕梁画栋、琉璃瓦顶，下至百姓家中的砖瓦炭薪，都离不开这条河流的馈赠。

　　虽然永定河源源不断地为北京的发展提供了丰富的物资，但是，人类的过度开发利用，给河流造成了巨大的伤害。金元时期，因为战争的破坏、城市宫苑的营建、城市取暖的需求，永定河上游森林植被被大量砍伐，到明代永乐年间营建北京城时，北京周边已经没有大木可伐，不得不从南方砍伐木材，经京杭大运河北运而上。森林植被减少，使得上游土壤大量流失，永定河也进入了历史上最为浑浊、最为摇摆不定的时期。从上

　　① 　熊梦祥. 析津志辑佚 ［M］. 北京：北京古籍出版社，1983.

游携带大量泥沙的河流，在落差为 320：1 的三家店[1]冲出山口，进入北京小平原，由于坡度变缓，泥沙淤积，致使平原上的河床淤高，河流容易泛滥溃决，成为城市安全的巨大隐患。据史料记载，自金元至近代，永定河决口、漫溢 100 多次[2]，仅清代的 268 年中，洪决口漫溢达 78 次，平均不到 4 年就有 1 次洪灾发生，所以历史上永定河又有"浑河""小黄河""无定河"等称谓，因此历朝历代都对永定河进行过大规模治理，以保证京城的安全（图 1-9）。但因永定河下游河床淤高，水势凶猛，虽经多次修筑，永定河决堤泛滥仍时有发生，沿岸居民深受其害。直到清康熙年间，康熙皇帝组织人力、物力，对永定河展开大规模的整治工程，疏浚河道、修筑河堤，此后河道流向才逐渐稳定。康熙皇帝特赐名为"永定河"，希望其"安澜永固"[3]。

图 1-9　石景山永定河古堤——庞村石堰

　　20 世纪 50 年代，为根治永定河水患，政府开始在永定河上游修建官厅水库。水库建成后，蓄水面积达 280 平方千米，成为北京最大的水库，发挥着巨大的防洪、灌溉、发电等作用。20 世纪 70 年代以后，随着永定河沿岸城市化的蓬勃发展，人类对于这条河流的索取进入了"疯狂"阶段。河流上游工厂林立，并且修建了 300 多座大大小小的水库，上下游的城市为争夺发展用水，陷入持续的抢水战。过度的索取压榨下，永定河水资源急剧下降，官厅水库蓄水量由最初的 20 多亿立方米下降到 1 亿立方米；同时水污染的加剧，使其从饮用水源退为备用水源地。20 世纪 70 年代末期，三家店水库以下的永定河断流，为北京生态环境敲响了警钟（图 1-10）。值得庆幸的是，永定河断流问

---

① 三家店位于门头沟区龙泉镇的永定河畔，不仅是明清京西大道的起点，也是永定河的出山口。
② 马德昌．浅谈永定河抢险工作［J］．北京水务，1997（3）：28-29.
③ 付艳华．乾隆《阅永定河记》碑与永定河的治理［J］．文物春秋，2013（6）：71-78.

题得到了公众和政府的高度重视，20世纪90年代后政府启动了规模浩大的永定河综合治理工程，修复生态，恢复永定河亲水环境（图1-11）。自2017年水利部开始实施永定河多水源配置与生态水量统一调度，为永定河生态补水量近9.6亿立方米，至2021年9月，永定河865千米河道实现全线通水，河湖水质得到显著改善，这条母亲河又渐渐地恢复了昔日的生机。

回想起这条曾经汹涌澎湃的大河，蜿蜒在京华大地上，流淌万年，孕育了京畿文化，铸就了辉煌灿烂的北京城市文明，虽然近代不合理的开发利用，一度让这条河流断流、干涸，但相信只要人们有足够的决心和不懈的努力，就一定能让永定河再次展现昔日雄伟的风采。

图1-10　2016年永定河下游河床

(a) 晓月湖　　　　　　　　　　　　　　　　(b) 宛平湖

图1-11　永定河晓月湖和宛平湖

母亲河畔 （二）

　　河流对城市发展的影响是多向的，对于北京的"母亲河"——永定河来说尤为如此。在北京几千年的发展历史中，这条河流不仅影响着城市的起源变迁，还为城市发展提供着源源不断的给养，同时其光辉还在于河流自身就有着辉煌灿烂的历史文明。

　　永定河发源于山西省宁武县管涔山天池，汇集沿途的涓涓细流、穿越峡谷，浩浩荡荡地冲出官厅山峡，涌入北京西侧山前，与其他几大河流冲积形成了辽阔的北京小平原，为北京历史文明的发展奠定了根基。永定河有着 300 多万年历史，沿途穿越黄土高原、太行山、阴山、燕山等复杂广袤的地形地貌（图 1-12），连接着秦晋与燕赵两大中原文化，沟通着西北少数民族与中原汉民族。永定河在这种宏伟壮阔的历史、自然、人文因素交融下，产生了博大精深、丰富多样的历史文化，涵盖人类起源、交通、聚落、水利、山水生态、军事、民俗、宗教等几十个门类[①]。

图 1-12　在山谷中蜿蜒穿切的永定河

　　在永定河的诸多文化形态中，最引人注目的莫过于"人类起源文化"。人类文明需要建立在适宜的自然条件上，需要肥沃的土壤、良好的气候、充足的水源，而远古时代的永定河水源充足，两岸植被丰茂，自然成为人类早期发源地。在距今 200 万年以前，永定河上游的泥河湾地区即出现了最早的人类祖先，在此后不同时期，永定河流域都留下了众多人

---

　　① 吴文涛 . 这条"大文化带"值得重视［N］. 北京日报，2017-05-15（15）.

类遗迹，如旧石器时代的"北京猿人""新洞人""山顶洞人"等遗迹，新石器时代的"朔州峙峪人""东胡林人"等，这些遗迹充分证明了永定河流域是人类早期文明的发源地。

随着生产力的提高，人类逐渐告别山洞走向平原。永定河流域那些地势平坦、远离水患的地方逐渐成为早期人类定居繁衍之地，由原始的村落发展成城邑，如黄帝之都涿鹿、西周代国之都代王城、山西古都大同等，以及作为历朝历代的郡、州、府治所，如矾山故城、代县故城等，北京城也是如此。据记载，早期的先民在距永定河渡口不远的蓟丘，建立了原始的居民点，其后周武王封"帝尧后于蓟"，原始聚落遂建都邑，称为蓟城，此后城市逐渐发展壮大；历经秦汉蓟县、辽南京、金中都、元大都、明清北京城，成为今天国际化的大都市。这些都邑散布在永定河流域，构成了永定河流域古城群落，是流域文化中最突出的亮点。

永定河流域不仅有满足人类繁衍栖息的自然环境，更有奇特的地质景观和丰富的矿产资源，并形成了独特的地质、矿产文化。永定河流经高原、穿越群山、跨越盆地，蜿蜒于平原，流域地形地貌极其复杂。自官厅进入西山的 100 千米峡谷历程中，就穿越了 16 亿年的地质时空，几乎囊括了元古代以来除华北共同缺失的古生代志留纪、泥盆纪地层以外的所有地层，并有珍贵的"第四纪冰川擦痕遗迹"和"中国地貌标准剖面"等地质景观，被誉为"中国天然地质博物馆"。河道两岸风景秀丽，犹如鬼斧神工：古老的河曲、神奇的古火山口、神秘的古洞、奇妙的穿隆构造、美丽的峡谷风光，共同构成了一道奇特壮丽的"地质景观走廊"（图 1-13）。更重要的是，在这丰富的地质资源中，埋藏着城市发展所需的物产宝藏。从城市建筑的石料、石灰，到日常生火取暖的木材、煤炭，再到衣食所用的皮毛、野味、干鲜果品等，永定河均能供给。流域盛产青石、石灰岩、花岗岩、页岩，京城所需的各种石材应有尽有，得天独厚的原料资源催生沿岸烧造业的发展，如龙泉雾村的瓷窑、琉璃渠村的琉璃窑都是历史悠久、驰名国内的烧造基地。此外，流域内森林广袤，木材、煤炭资源丰富，是辽至明清北京城市燃料的主要来源，采煤和伐薪业的历史均有千年之久。

图 1-13　永定河山峡

　　富饶的木材、矿产等资源奠定了城市发展和繁荣的基础，而在频繁的物资运输中，永定河沿岸也形成了独特的交通道路文化。永定河流域的石材、煤矿、木材等都在西部群山之中，需要采用不同的交通方式运至城市。其中大部分木材经筏运至永定河下游。而煤炭、柴薪、石材则需要以人背、马驮搬运的方式，自深山沿河流驮运至城市，久而久之形成了众多崎岖的商旅古道（图1-14、图1-15）。这些古道以北京为起点，近则通往山西腹地，远则通达外蒙古（今蒙古国及唐努马梁海）。除了商旅古道外，永定河流域还有众多沟通南北的渡口、通往西北各地的驿站、深山古刹的赶会香道、连接各个险关要塞和边城重镇的军行山道（图1-16）。这些道路、驿口散布在永定河流域上下，流通了物资，也沟通了文化，催生了别具特色的社会文化：村落文化、民俗文化、宗教文化……

图 1-14　京西古道概貌

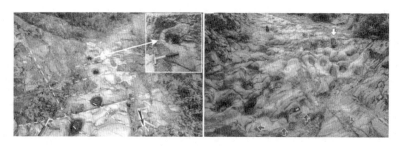

图 1-15　玉河古道峰口鞍段蹄窝特征

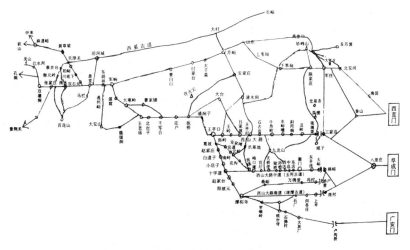

图 1-16　永定河流域的京西古道示意图

　　永定河河谷台地众多，为人类聚居提供了良好的地理条件，加之充足的水源、丰富的物产、频繁的物资流通，流域内门头沟地区形成了较为集中的古村落群。据明代《宛署杂记》中记载门头沟地区有 137 个村落[①]，《光绪顺天府志》中记载门头沟有 168 个村落[②]。受交通、矿业、农业、迁徙、宗教等诸多因素影响，这些村落各具特色，如农户村、商户村、窑户村、匠户村、军户村、宗族村等[③]。以三家店村为例，该村位于永定河总出山口处，既是南北往来的渡口，也是西山诸多道路的汇集处。西山的矿产、百货在这里汇聚，由此再运往京城，而京城的商品至此后，再转运至深山或是内蒙古、山西等地，久而久之形成了繁华的集镇，沿街布满大大小小的店铺、煤厂，兴盛数百年。又如门头沟的龙泉雾村始建于辽代，以生产白瓷为主，是辽代华北地区最重要的官窑瓷器产地之一；琉璃渠村是我国著名的琉璃之乡，从元代起朝廷即在此设琉璃局，明清时期成为皇家建筑材料琉璃的重要生产地，烧造琉璃的历史已逾 700 年。此外，还有现今保存完好的爨底下村、灵水村等古村落。在流域村落内，随着不同区域文化在这里的交织传播，又形成了既有流域共性又有浓郁地方特色的民俗文化，如兼具游牧和中原农耕文化特色的社火、秧歌、花会、幡会、锣鼓等，具有北方民族粗犷豪放、爽朗大气的京西太平鼓、浑源扇鼓等，及众多民间文艺，如诗词歌谣、戏剧曲艺、故事传说、工艺美术、绘画书法、花会舞蹈、方言谚语等[④]。精彩纷呈的民俗文化在永定河流域内相互交织、交相辉映，形成了永定河文化走廊的独特气象。

　　宗教文化是永定河流域另一重要形态的文化，永定河所流经的西山山清水秀、环境优美，寺庙随处可见，如潭柘寺、戒台寺、碧云寺、大钟寺、卧佛寺、白塔寺、万寿寺、广济寺等。这些寺庙不仅历史悠久、数量众多，且影响巨大。如著名的潭柘寺，位于门头沟东南部，始建于西晋愍帝建兴四年（316 年），是佛教传入北京地区后修建最早的寺庙，北京广为流传的谚语"先有潭柘寺，后有幽州城"，即足以说明其历史之悠久。除了宗教寺庙，永定河沿岸的村落内还散布着与百姓生活紧密相关的各类神庙，如山神庙、土地庙、龙王庙、窑神庙、药王庙、树王庙等，这些丰富悠久的宗教文化，反映了永定河流域文化的多样性和包容性。

　　思想、文化、军事、生产、生活……在岁月长河中，这条河流承载了太多的历史、包含了太多的故事、形成了太多的"性格"。永定河是富饶的，它孕育了早期人类历史，开启了流域的城市文明；永定河是慷慨的，它给予了城市无尽的物产，奠定了城市的创建和生活的繁衍；永定河是包容的，它连接了异域的风情和文明，接纳了不同文化的交织共荣；永定河也是浪漫的，这里有古朴的村落、浓郁的民间风情，香烟缭绕的寺庙烟

---

　　① 沈榜 . 宛署杂记［M］. 北京：北京出版社，1961.
　　② 周家楣，缪荃孙 . 光绪顺天府志［M］. 北京：北京古籍出版社，1987.
　　③ 顾大勇 . 永定河流域内门头沟区古村落的研究与保护［Z］.
　　④ 吴晨阳 . 永定河（北京段）文化地理研究［D］. 北京：首都师范大学，2014.

火气。千百年来，这里曾经发生无数个影响中国历史进程的重大事件，上演太多人世间的喜怒哀乐，既有残酷的战争征伐，也有声声的商旅驼铃；既有无尽的离别悲欢，也有连绵的诗词华章。如今历史烟云已散，留下印痕斑驳的商旅古道、荒凉清冷的坟茔、炊烟袅袅的民居院落，积淀着岁月，留存着记忆……

长河往事

高梁河

〔元〕马祖常

天上名山护北邦，水经曾见注高梁。

一舸清浅出昌邑，几折萦回朝帝乡。

和义门边通辇路，广寒宫外接天潢。

小舟最爱南薰里，杨柳芙蕖纳晚凉。

这是元代蒙古族著名诗人马祖常描写高梁河的诗[①]，诗中描绘出一幅高梁河清浅曲流的优美画面。说起北京的高梁河，可能很多人不熟悉，但提起它的另一个名字——长河，相信大家就不陌生了。

今北京长河主要指昆明湖—京密引水渠—紫竹院—什刹海河道，在元代以前称之为高梁河，为永定河改道遗留形成。当时高梁河最初的源头位于今紫竹院，东流至今德胜门，经什刹海、中南海，流向东南，于今马驹桥处汇入凉水河。《水经注》记载高梁水："出蓟城西北平地泉，东注，经燕王陵北又东经蓟城北，又东南流"[②]（图1-17）。《魏氏土地记》也记载："蓟东一十里有高梁之水者，其水又东南入湿水也。"[③]

对高梁河的开发最早可追溯到三国曹魏时期。三国时期以后，永定河向南迁移，与高梁河同为东南流向。由于永定河水势凶猛，而高梁河则水源匮乏、水量不足，时驻广阳的曹魏镇北将军刘靖便在此屯垦戍边，为解决永定河水患，满足军队屯田之需，曾"登梁山以观源流，相濕水以度形势"[④]，命令士兵在永定河石景山附近修建了一座障水的戾陵堰，并沿北岸山体石壁开凿渠道，向东引至紫竹院贯通高梁河，其间灌溉20多万亩（1亩≈666.67平方米，后同）粮田。因渠道类似车箱矩形，遂称之为"车箱渠"，这也是北京最早的大规模引水工程。史载："以嘉平二年，立遏于水，导高梁河，造戾陵遏，开车箱渠……灌田岁二千顷。"[⑤] 在其后几百年中，这一水利工程历经多次维修扩建，灌溉面积不断扩大。

---

① 熊梦祥. 析津志辑佚：河闸桥梁 [M]. 北京：北京古籍出版社，1983.

② 郦道元. 水经注：卷十三·濕水 [M]. 北京：中华书局，2009.

③ 沈炳巽. 水经注集释订讹：卷十三 [M]. 上海：商务印书馆，1912.

④ 颜昌远. 北京的水利 [M]. 北京：科学普及出版社，1997.

⑤ 郦道元. 水经注：卷十四·鲍丘水 [M]. 北京：中华书局，2009.

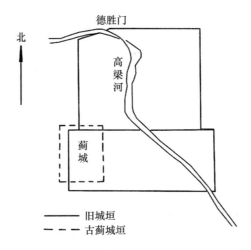

图 1-17　水经注中高梁河河道示意图

辽宋时期，石敬瑭割让燕云十六州给契丹，幽州（今北京）和云州（今山西大同一带）成为辽国的属地。为夺取燕云十六州，宋太宗率兵攻打辽，辽宋大军于今高梁河畔会战，最终宋军溃败，直接造成了日后北宋连战连败的局面，此战也成为辽宋关系的重要转折点。据《辽史卷九本纪第九　景宗下》载："秋七月癸未，（耶律）沙等及宋兵战于高梁河，少却；休哥、斜轸横击，大败之。宋主仅以身免，至涿州，窃乘驴车遁去。"[①] 金灭辽后，金在高梁河西南、原辽南京基础上建立中都城。自此，高梁河由单纯的引水灌溉功能转变为运输、城市用水等综合性功能。金中都城建立后，城市人口增长迅速，粮食物资需求加大。为解决漕运，金最初在高梁河东疏浚了一条古运河漕河，即后来的坝河，但因高梁河水源不足，河道漕运难以维持[②]。其后，又在城北护城河以东开凿闸河，并以永定河为水源。但因永定河含沙量大，"积淤成浅，不能胜舟"，最终造成闸河淤塞。1205 年，金又从玉泉山流泉下游的瓮山泊开渠引水至高梁河，通过高梁河下游白莲潭与闸河相接，以济漕运，但终因水量有限，闸河也难免浅滞。据《金史》载："故为闸以节高良河、白莲潭诸水，以通山东、河北之粟……溯流而至通州，由通州入闸，十余日而后至于京师。"[③] 这是高梁河接济漕运的重要尝试，也是北京近郊水系的一次重要改变。金时，高梁河下游的白莲潭（今什刹海、北海和中海水域）是一片天然湖泊，水域辽阔、风光旖旎、景色秀丽。金朝利用这片水泊扩浚筑岛，修建琼华岛，营造了众多的园林宫殿、亭台楼阁，作为金朝皇家游幸娱乐的离宫别苑。这片水泊和宫苑后来成为元大都建城的依托，对北京城的发展产生了深远的影响（图 1-18）。

① 托克托 . 辽史：卷九本纪第九·景宗下［M］. 北京：商务印书馆，2013.
② 赵宁 . 北京城市运河、水系演变的历史研究［D］. 武汉：武汉大学，2004.
③ 托克托 . 金史：志第八［M］. 北京：中华书局，1975.

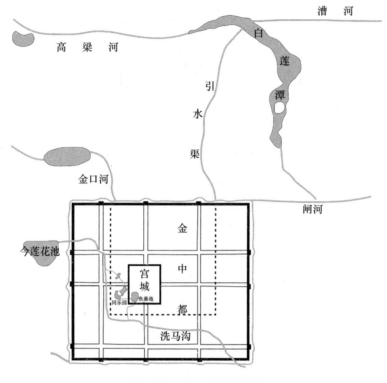

图 1-18　金代白莲潭示意图

　　1215 年，大蒙古国骑兵南下，突破南口，攻陷金中都，焚毁城池，而金在白莲潭畔的宫殿别苑却得以幸免。其后大蒙古国骑兵再次南下，忽必烈驻跸燕京近郊，即金白莲潭周边的宫苑，四年后忽必烈打算定都北京，但金中都城池被毁，他命刘秉忠以其驻跸的白莲潭为中心新建都城，于是有了一座闻名世界的都城——元大都，这也成为北京城市发展的一个重要转折点。元代以白莲潭为中心建城，将水泊分为南北两部分，南部被圈入皇城御苑，称之为"太液池"，北部则称之为"积水潭"（今什刹海）。都城建立后，物资需求极大，"……而百司庶府之繁，卫士编民之众，无不仰给于江南"[①]。当时南来粮船通过大运河北上多止于通州，元初著名科学家郭守敬为解决大都城的粮食运输问题，在金代漕河和闸河的基础上修建了坝河和通惠河，同时疏浚河渠，将西山泉水汇入瓮山泊（今昆明湖）；自瓮山泊引水至紫竹院，经高梁河至大都城内积水潭，以积水潭东南与通惠河相接[②]（图 1-19），东北与坝河相接。通过两条河道，南来漕船可直接溯流而上，直抵积水潭。积水潭由此成为京杭大运河漕运的集散终点，高梁河也因此为京杭漕运作出了重要贡献。

　　①　宋濂 . 元史：志第四十二·食货一·卷四［M］. 北京：中华书局，2016.
　　②　蔡蕃 . 元代的坝河——大都运河研究［J］. 水利学报，1984（12）：56-64.

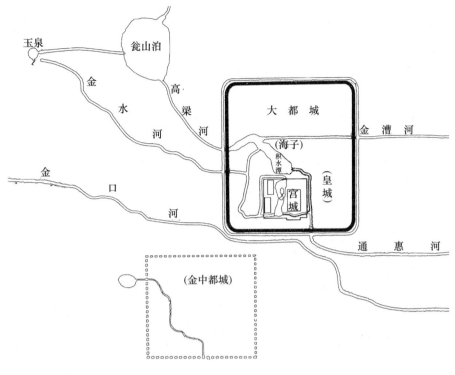

图 1-19　元时高梁河

　　至明代时，白浮泉引水渠废弃，高梁河水源主要依靠西山玉泉和瓮山泊，因此明朝时，高梁河又称为"玉河"。由于与西山瓮山泊相接，明代帝王嫔妃经常沿高梁河溯流而上赴西山游览。明代在元代的基础上，在河两岸增建了诸多名胜，如万寿寺、五塔寺、乐善园、长春桥等，河道两岸垂柳掩映，亭台散布，风光十分优美。朱茂晭在《清明日过高梁桥作二首》中曾写道："高梁河水碧弯环，半入春城半绕山。风柳易斜摇酒幔，岸花不断接禅关。""看场压处掉都卢，走马跳丸何事无？那得丹青传好手，清明别写上河图。"[①] 此外每逢清明、端午、重阳等节日，玉河两岸游人熙熙攘攘，比肩接踵。《帝京景物略》载："水从玉泉来，三十里至桥下，荇尾靡波，鱼头接流。夹岸高柳，丝丝到水，绿树绀宇，酒旗亭台，广亩小池，荫爽交匝。岁清明……都人踏青高梁桥，舆者则塞，骑者则驰，蹇驴、徒步……是日，游人以万计，簇地三四里。浴佛、重午游也，亦如之。"[②] 描述的就是当时高梁河沿岸优美的自然与人文风光。

　　清代时，在北京西山周边兴建三山五园，高梁河成为清皇室去往西山离宫别苑的专用河道，此时玉河才始有"长河"之名。乾隆皇帝及以后的皇帝、后妃们多次从这条水路至清漪园游乐。清末每年阴历四月初八，慈禧太后在中南海度过浴佛节后，便乘龙舟沿长河西驶，至西山颐和园静养。清代在长河沿岸增加了畅观楼、倚虹堂、豳（bīn）风

①　沈季友 . 樵李诗系：卷二十二［M］. 北京：四库馆，1868.
②　刘侗，于弈正 . 帝京景物略：卷五［M］. 北京：北京古籍出版社，1983.

楼、邑（chàng）春堂等多处景点，两岸广植桃树、柳树，每到春夏之季，沿岸桃红柳绿美不胜收，并留下了"天坛看松、长河看柳"的美誉。由于地处近郊，加之风景秀美，长河成为清代百姓游赏的主要风景胜地，沿岸人文活动与明代一样兴盛。1908年慈禧太后死后，在清王朝风雨飘摇之际，隆裕皇太后宣称永不再游颐和园，长河御道因此被废弃。

百年的沧桑历史转瞬而过，时至今日，长河已变了模样（图1-20）。昔日开凿的车箱渠旧迹难寻，元代水域辽阔、舳舻蔽水的积水潭已经缩减成了三片宁静的水湾，长河上明清帝王浩浩荡荡的龙船队早已没了踪影，长河畔喧嚣热闹的场景一去不返，只有历经百年的垂柳静静地屹立在长河畔，还有两岸众多的文物古迹在诉说长河昔日的辉煌。

图1-20　长河风光

长河最初蜿蜒于金中都城郊外，后来自北京城中心婉转流过，1000年来为北京城市提供着漕运、城市用水、灌溉等诸多便利，对北京地区的开发、城市建设、经济发展、历史文化的形成，产生了深远的影响，既沉积了深厚的历史，也衍生出灿烂的文化；既包容了过去，也孕育了未来……

长河寻古

北京的河流很多，东北有潮白河、北运河、泃河等水系，西南有永定河、大清河水系。在城市街巷坊道间还纵横交错着莲花河、泡子河、菖蒲河、玉河、坝河等水系沟渠，每条河流都有自己独特的一面，如北运河"繁华"、永定河"壮阔"、玉河"秀丽"，但要论别具"韵味"的，则首推京西的长河（图 1-21）。

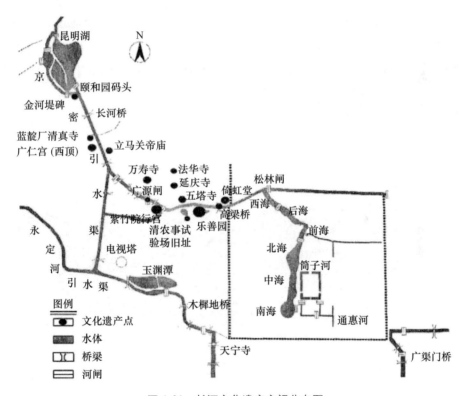

图 1-21　长河文化遗产空间分布图

长河古称"高粱河"，在明清时是帝王乘龙舟赴西山风景区游览的御用河道。天气晴朗的日子，如果在北展后湖的"皇帝码头"乘坐游览长河的游船，就可以体验明清帝王游览的路线。但当时帝王登舟行船的起点不是现在北展后湖的"皇帝码头"，而是位于今长河下游高粱桥西侧的倚虹堂。

乾隆十六年（1751 年），乾隆皇帝为庆祝其母六旬大寿，于高粱桥北侧兴建倚虹堂。《日下旧闻考》卷七十七记载，堂坐西朝东，宫门五楹，堂门外即是长河。由于倚虹堂毗邻西直门，所以一直是清代帝王登船前往颐和园、圆明园的皇家码头。清末慈禧

23

太后每年赴颐和园游玩时，也在倚虹堂船坞上船。倚虹堂不仅是皇家码头，也是皇帝来往于皇宫和万寿山的途中，经常召见群臣和用膳之所。清朝灭亡后，长河逐渐衰败，倚虹堂也随之凋敝。民国时，倚虹堂对岸船坞被拆除，厅堂建筑后来也被破坏，现倚虹堂已不复存在，遗址处仅有一个复建的码头。

乘游船向上游览，第一站是北京动物园。今日的北京动物园是全国规模最大的城市动物园，其历史最早可追溯到明朝。明时其为皇家近郊御苑，后被一些太监占为私产。清入主北京后，这一片御苑被赐予康亲王，乾隆十二年将其收回，改建御园，取名"乐善园"。乾隆皇帝在园内建置行宫，作为西山游线的一处休憩的场所，园内亭台楼阁、廊桥水榭，内部水系和长河相互连通，成为清皇室的一处重要园林。清朝末期，为应对统治危机，清政府进行了一系列的改革。当时清农工商部为"开通风气，振兴农业"，将乐善园及周边诸园改为"农事试验场"（图 1-22），场内设实验室、农器室、肥料室、蚕室、温室等，附设动物园 1.5 公顷，后又易名为"万牲园""天然博物院""乐善公园""国营试验场"等。中华人民共和国成立初期名为"西郊公园"，后改称"北京动物园"。如今只有畅观楼、鬯春堂、豳风堂等少数清代建筑遗迹保留下来，向人们昭示着这座"万牲之园"的悠久历史。

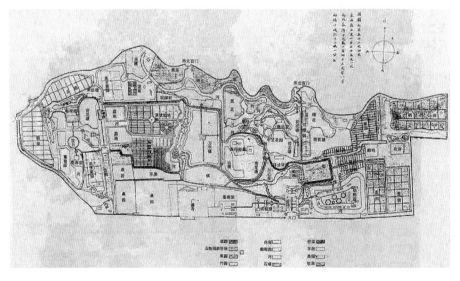

图 1-22　清末农事试验场全图

离开动物园，游船继续前行至动物园以西 1.5 千米处，就能看到远处岸边的一座灰瓦红墙的大门，大门两侧竖立了两座华表，门内建筑是传统的红墙青瓦，隐隐约约还可以看见几座高耸的石塔，整个院落隐约透露出皇家祠庙的氛围，此即五塔寺，原名"真觉寺"。明朝永乐年间，一位印度的梵僧千里迢迢来到大明都城北京，他向皇帝朱棣呈献了五尊金佛和印度式"佛陀伽耶塔"，朱棣与他谈经论法十分投机，封他为大国师，授予金印，并赐地于西关（今西直门）外长河北岸，为之建寺，寺名"真觉"。

寺内塔的样式按照高僧提供的"佛陀伽耶塔"建造，但塔上短檐、斗拱和座顶上的琉璃罩亭具有明显的中国传统古建筑风格，是中印文化相互融合的杰作①。乾隆二十一年寺庙重修后，改名"正觉寺"，俗称"五塔寺"（图1-23）。由于五塔寺前临长河、背倚西山，寺内宝塔高耸，是京城士人重阳登高、清明踏青的首选之地。《日下旧闻考》记载："原真觉寺浮图高五六丈许，而上为塔五方，陟其顶，山林城市之胜收焉。"② 乾隆皇帝为其母祝寿时，亦将五塔寺作为祝寿的主场所。清后期五塔寺逐渐衰落，到民国初年仅余一塔兀立于一片瓦砾中。现五塔寺已改为北京石刻艺术博物馆，院内收藏着各地收集来的石碑、石像生。

图 1-23　金刚宝座塔

游船驶离五塔寺，穿过白石桥，很快就可以驶入一条林密幽深、波光粼粼的水道。水道两岸古木参天，枝叶葱葱，遮天蔽日。岸边的标示牌提示已经进入紫竹院公园。紫竹院公园幽深清净、景色清秀、富有野趣，很难让人想象这片园林已经走过了700多年的岁月。紫竹院历史最早可以追溯到元代，金代以前紫竹院区域原为几片池沼湿地，曾是高梁河的源头。元代时，郭守敬以高梁河为大都城的水源河道，为调控水量，在长河中段紫竹院处建有广源闸。因船只在广源闸桥处无法通行，到此只能停岸换船。当时紫竹院水泊较深，是设坞藏舟、过闸换船的理想之所，朝廷为此专门修建了"广源闸别港"。明代在闸桥下游长河南岸另开一条河汊，河汊在闸桥上游又汇入长河。河汊和长河合围成一片河滩，明代在"别港"河滩上兴建庙宇，属万寿寺下院。乾隆十六年，乾隆皇帝为庆祝其母大寿，满足其母喜爱江南风景的愿望，在"别港"河滩上垒砌太湖石，遍种芦苇，取名"芦花渡"，并将下院寺庙改为"紫竹禅院"（图1-24），在西侧还增建了一处行宫。

① 王玢.北京河道遗产廊道构建研究［D］.北京：北京林业大学，2012.
② 于敏中.日下旧闻考：卷七十七［M］.北京：北京古籍出版社，1981.

图 1-24　紫竹禅院

　　乘坐游船继续向上行驶，在紫竹院以西就可以看到另一处文化遗迹——广源闸桥（图 1-25）。桥面貌较新，但闸门已消失，侧墙上还残留有闸槽，桥基之上仍嵌有一对斑驳黝黑的镇水兽，见证着这处闸桥 700 多年的沧桑岁月。广源闸由郭守敬为节制水量而建，始建于元朝至元二十九年（1292 年），是元朝通惠河上游的头闸，也是长河上最古老的水闸。闸是调控长河之水的关键，闸桥落下时，闸东之水深不满一尺；提闸之后，下游河水即可行驶龙船。《长安客话》载："出真觉寺循河五里，玉虹偃卧，界以朱栏，为广源闸，俗称豆腐闸。引西湖水东注，深不盈尺。宸游则陼水满河，可行龙舟。绿溪杂植槐柳，合抱交柯，云覆溪上，为龙舟所驻。"①

图 1-25　广源闸

---

　　① 蒋一葵. 长安客话［M］. 北京：北京古籍出版社，1982.

　　游船驶过广源闸，在不远处，一组红墙灰瓦、雕琢精致的寺庙建筑就会映入眼帘，寺庙的石墙上雕刻着密密麻麻的文字，这座寺庙就是万寿寺。

　　明万历年间，佛教兴盛，皇家收藏的佛经卷帙浩繁，无处存放。为保存这些珍贵的经卷，明万历五年，万历皇帝之母慈圣李太后出资兴建了一处皇家寺庙，取名"万寿"，以作藏经之用。寺庙以万历皇帝的名义敕建，史载："皇帝敕谕官员军民诸色人等：朕惟慈悲之教，盖以阴翊皇度，化导群迷，乃于万历五年命建僧寺一所，于西直门外广源闸地方，以崇奉三宝，赐额曰护国万寿寺。"[①] 历史记载初建时，万寿寺分东中西三路，占地约为 64.7 万平方米，其香火地还包括今紫竹院部分，是京西最大的皇家寺庙之一。寺庙建成后，成为明代帝王西山游览途中用膳和小憩的行宫。清朝康熙至光绪年间，寺庙又历经多次重修扩建，逐渐形成了集寺庙、行宫、园林为一体的建筑格局，享"京西小故宫"之誉。每当春末夏初，帝王妃后从紫禁城走水路到颐和园避暑，均在此地驻跸休息。民国时期，万寿寺被用作学校、兵营、疗养院，没能免除颓废破败的命运，如今寺庙经修葺，又焕然一新，重现生机。

　　万寿寺前，有一条南北向的苏州街，北起畅春园南门，南至长河北岸，长约 1.5 千米。苏州街是乾隆皇帝为庆祝其母 70 大寿而建，街内仿照江南街景，长全数千米，奉銮舆游览，命名为"苏州街"。清末街市被废弃，如今只剩下了地名。

　　游船过万寿寺，遥望两岸，明清时沿岸的名胜古迹仍依稀可见：垂柳蓬茸的"十里长堤"、富丽精致的西顶广仁宫、素雅清净的蓝靛厂清真寺……遥想当年长河两岸垂柳掩映、亭台散布，帝王们乘着浩浩荡荡的龙船，导着五彩缤纷的仪仗，荡漾于桃红柳绿的碧波中，繁盛一时。虽然历史的风尘烟消云散，长河昔日的繁华已难再现，但长河两岸依旧散落着沧桑的古迹、古朴的民居、幽僻的街道，少了几分喧嚣，却多了几分古韵和幽雅……（图 1-26）。

图 1-26　长河风光

　　①　沈榜. 宛署杂记：卷十八 [M]．北京：北京出版社，1961.

智慧之河

1264 年，元世祖忽必烈发布《至元改元诏》，取《易经》"至哉坤元"之义，改"中统五年"为"至元元年"。随后，国号由"大蒙古国"改为"大元"。1272 年 2 月，采纳刘秉忠建议，改"中都"为"大都"，刘秉忠负责都城的规划设计。刘秉忠设计的大都城位于高粱河下游，将今天的什刹海、北海、中海都圈入了城内。整个大都城布局近似方形，南北约 7.5 千米，东西约 6.6 千米，占地近 50 平方千米，是当时世界上规模最大的城市之一（图 1-27）。都城内人口在元朝初期时约为 50 万人，至元朝中期时已超过百万。如此庞大数量的人口，消耗的粮食物资必定十分惊人。据史料考证，元朝都城每年粮食需求都在百万石以上（元代时一石约为现在的 60 千克）。对于如此庞大的粮食需求，区域有限的华北平原必定难以满足，元朝必须从全国范围内征集物资，其中主要的征集地就是富庶的江南地区。《元史》载："元都于燕，去江南甚远，而百司庶府之繁，卫士编民之众，无不仰给于江南。"[1] 为把江南的粮食运送至大都城，元朝先后开通了海运、疏通了京杭大运河，经由这两条线路运输的物资皆可到达通州。其后，一部分物资可以经过坝河转运至大都城，但坝河每年的运量仅三四十万石，剩余的物资则必须经过陆路运至大都城。通州和大都城相距 25 千米，陆路运输会耗费大量的人力、物力，尤其是遇到恶劣天气，道路泥泞，民夫艰辛不堪。史载："先时通州至大都五十里，陆挽官粮，岁若千万，民不胜其悴，至是皆罢之。"[1] 所以在通州和大都之间迫切需要一条便捷的运输通道，由此促成了"通惠河"的出现。

中统三年（1262 年），忽必烈任命年轻的科学家郭守敬为"提举诸路河渠"，掌管各地河渠的整修和管理工作。郭守敬上任后，就开始筹划通州至大都之间的漕运问题。郭守敬计划开凿一条连接通州和大都城的河道，除了坝河，元代已有两条连接两地的河道：一条是金代闸河，以中都城北护城河为起点，东流至通州城北，注入北运河；另一条是萧太后河，位于北京东南，起始于辽南京城迎春门（原宣武区西南部），东南流向张家湾，与北运河相接。两条河道保存状况尚好，因此疏浚这些旧河道作为漕运河道是比较适宜的。在两条河道中，郭守敬选择了离大都城距离较近、保存状况较好的闸河作为疏浚河道，同时根据实际情况将河道进行调整，将起点改至积水潭（今什刹海）东南岸，并将河道下游改至通州东南，在张家湾注入北运河。

---

① 宋濂. 元史：志第四十二·食货一 [M]. 北京：中华书局，2016.

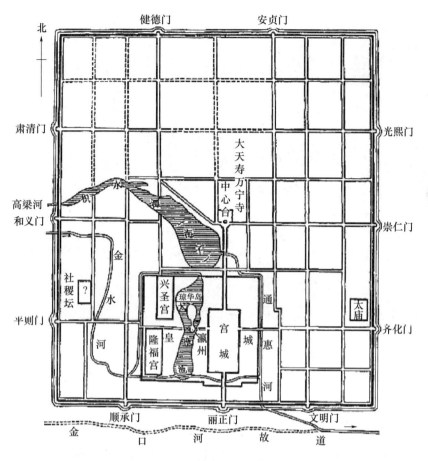

图 1-27 元大都城平面设计示意图

运河路线虽然确定，但还需解决运河最重要的问题——水源。对于一条运河来说，其成功与否的关键就在于是否有稳定的水源，对于少雨的北方运河来说尤其如此。早在金代时，这个问题就一直困扰着当时的统治者。为解决闸河水源问题，金大定十一年，金世宗命人开凿金口河，引卢沟河水以济漕运，但因永定河地势高峻、水性浑浊，最终失败。其后，金章宗泰和年间，引瓮山泊水至高粱河接济闸河，不过水量仍是不足，因此解决水源问题成为通惠河工程能否成功的关键①。由于北京小平原西北高、东南低，要保证水源能够自行平缓地流入漕运河道，新的水源必须位于大都城西北部海拔较高的位置。元朝初期，郭守敬曾以金代旧水源瓮山泊为通惠河供水，水源仍旧不足。为寻找稳定的水源，郭守敬在大都城周边进行详细勘察后，发现北京昌平温榆河上源地区水源丰富，散布着诸多泉眼，其中白浮泉水量充足、流量稳定（图 1-28），是通惠河理想的水源，因此郭守敬规划一条引水渠，以白浮泉为起点，将周边诸泉汇集在一起，再导引至大都城②。

① 路征远，王雄．元代通惠河的修治［J］．内蒙古大学学报（人文社会科学版），2005（5）：33-37.
② 蔡蕃．北京通惠河考［J］．中原地理研究，1985（1）：49-57.

图 1-28　白浮泉遗址

不过工程实施起来却并不简单，因为白浮泉距瓮山泊约 20 千米，高差仅有两米，之间有众多山谷和河道，高低起伏较大，引水路线如何选择是工程的难点。若开凿一条直线的引水渠道，泉水必定会在中途汇入地势较低的河流和山谷，因此需要寻找一条迂回且地势逐渐降低的引水路线。如何确定引水路线地势是逐渐降低的呢？在今天的施工技术中，我们可以通过全站仪、水准仪等现代化的测量设备轻松地测出两地的高差，在古代社会这个问题却较为困难。为此，郭守敬想到可以选择一个基准参照点，通过与它对比获得绝对高度，以此确定不同地点的高差。郭守敬提出以海平面为基准参照点，这是地理学上"海拔"概念的创始。这个重要概念的提出要比西方类似概念的提出早 500 多年，极大地便利了人们的工程测量。基于这种新的高程系统，郭守敬确定了一条海拔高度逐渐降低的路线，这条路线绕开了白浮泉和瓮山泊之间的山谷河流，先是自白浮泉向西，而后沿西山山麓南行，再向东南转向瓮山泊，整条路线略呈现"C"字形，沿渠修筑堤堰（图 1-29）。

整条引水渠道在途中还汇集了一亩泉、马眼泉、王家山泉、冷水泉等众多泉水，小的溪流逐渐汇集成了一条水量丰沛的水渠。不过山谷溪流与引水渠相接时出现了一个新的问题，即山洪大时可能会将引水渠道直接冲毁，后期修复起来较为麻烦，为此郭守敬想到在引水渠与山溪间交叉处采用一种"荆笆编笼装石"的溢流坝，山洪大时，能自动溃决泄洪，修复时工程量也不大。这种结构称为"清水口"（图 1-30），在整个白浮—瓮山引水渠中，这种结构共有 12 处，它巧妙地解决了渠道和山溪相接的问题，为引水渠提供了稳定清洁的泉水。

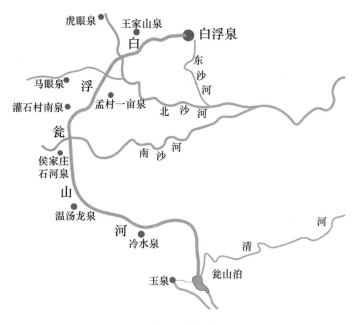

图 1-29　白浮泉引水路线示意图

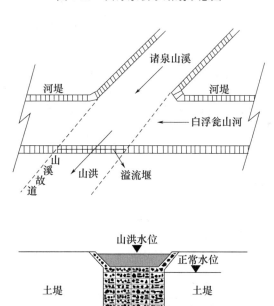

图 1-30　"清水口"交叉工程结构推想图

通过精确计算、巧妙设计的引水路线，郭守敬将白浮泉和沿途众泉水成功引导至瓮山泊，并在瓮山泊入水口和出水口各设一座水闸，将瓮山泊改造成了一个大的蓄水库。然后通过高粱河将水导引至大都城内积水潭，再以积水潭和通惠河相接，以此解决了通惠河的水源问题。但工程并未就此结束，如何让通惠河"平稳"地运行还是一个"难题"。因为北京地势西北高、东南低，瓮山泊和大都城相距 10 千米，海拔相差两米，水可以平稳自流，而北京和通州相距 25 千米，海拔却相差近 22 米，如果将上游河水直接导入通惠河的话，通惠河必定水流湍急，河水"一泻无余"，同时漕船也难以行驶。那么如何才能让水流不至于过快，又能保证船只平稳行驶呢？为此郭守敬想出来一个巧妙的办法，那就是通过设计水闸控制水流，"闭闸蓄水，开闸行船"。具体说来就是，在通惠河上设置若干组水闸，漕船在通惠河上自西向东行驶，行至一组水闸下时，下闸打开，使下游水位上升，船只驶入两闸之间，然后下闸关闭，上闸开启，使两闸之间的水位上升，船继续向上行驶，如此往复，船只就可以顺利行至都城（图 1-31）。史载："每十里置一闸，比至通州，凡为闸七。距闸里许，上重置斗门。互为提阏，以过舟止水。"① 整条河道包括上游高梁河在内，共有水闸 11 组、24 座（图 1-32）。实际上这种梯段式行船类似现在"船闸"技术原理，这种技术至今仍广泛地应用于船舶航行领域，比西方类似技术早了几百年之久，由此不得不感叹郭守敬的巧妙构思。

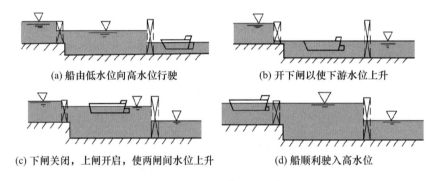

(a) 船由低水位向高水位行驶　　　　　　　(b) 开下闸以使下游水位上升

(c) 下闸关闭，上闸开启，使两闸间水位上升　　(d) 船顺利驶入高水位

图 1-31　船闸工作原理示意图

图 1-32　通惠河和二十四闸示意图

---

① 宋濂 . 元史：列传第五十一·郭守敬传 [M] . 北京：中华书局，2016.

至此，水源、路线、行船等问题统统解决，这条河的规划方案基本确定，接下来就是具体施工。这条关乎都城发展的河道得到忽必烈的极大支持。在河道开挖时，忽必烈"命丞相以下皆亲操畚锸为之倡，咸待公（郭守敬）指授而行事"[①]。工程于至元二十九年（1292 年）8 月开工，元至元三十年（1293 年）秋竣工。河道通航后，载满货物的漕船自北运河驶入河道，溯流而上，直抵大都城内的积水潭。当时积水潭水域辽阔（图 1-33），停满了大大小小的漕船，"舳舻千里，旌旗蔽空"，恰逢忽必烈从上都（今内蒙古自治区锡林郭勒盟正蓝旗的金莲川草原）归来，行至积水潭处，看到如此空前的盛况，大喜过望，遂将这条人工河道命名为"通惠河"，并赏赐郭守敬 12500 缗[②]，让他抓好漕运大事。

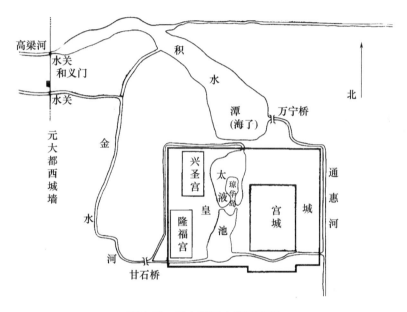

图 1-33　元大都积水潭示意图

从整条引水路线来说，这条河道开凿的过程无疑是艰难的，每一个环节都面临着大大小小的问题。在这种背景下，这条河道的开通更显得"来之不易"，这也主要得益于古代劳动人民的辛勤付出和设计师的精巧构思。它的每一个环节都充满着智慧，是一条当之无愧的"智慧之河"。通惠河的成功意义无疑是巨大的，不仅为都城输送了源源不断的粮食、日用百货，还解决了大都城至通州的"最后一段路程"，有效地促进了元朝的南北沟通，这对于元政权的巩固大有裨益。更可贵的是这条河流历经明清，流淌到现在（图 1-34），依旧服务着北京城，润泽着今天的人们！

---

①　宋濂．元史：列传第五十一·郭守敬传［M］．北京：中华书局，2016.
②　缗，古代计量单位，用于成串的铜钱，每串一千文。

(a) 通惠河高碑店段 　　　　　　(b) 通惠河北关段

图 1-34　通惠河现状

皇城玉带

　　水是生命之源，水之于人类，不仅是一种生活所需，更是一种精神的需求。凡有人居住的地方就有水，即使在古代森严的皇城，在设计布局时也会想尽办法，引入水泊、河流。因为皇家建筑礼制要求、文化考究，皇城内河流也会极为特别，比如古代皇城中的金水河。

　　传统风水学中尤为讲究山水对建筑的影响，宫殿建筑也不例外。由于宫殿建筑多以红色、黄色为主，红黄色主火，过多则不利，必须有水方可解，因此宫殿建筑群当中多会布置河流。而在八卦中西北属于干位，代表天门，让河流自西北而来，可以以水道象征着天河，将天门的元气源源不绝地引入宫城，令城内的阴阳循环不息。同时在我国五行学说中，东方属木，西方属金，北方属水，南方属火，中央属土，河流自西边而来，方位上属金，金生丽水，故名之曰"金水河"。因为有着独特的文化寓意，在宫城内设置金水河成为各朝各代的传统，《古今事物考》中记载："帝王阙内置金水河，表天河银汉之义也，自周有之。"[1] 如明南京城以北护城河和后湖为水源，开金水河，在奉天门蜿蜒而过（图 1-35）。北宋汴梁开金水河"源出梅山北黄龙池，东北流，至郑州西为襟带"[2]。不过在众多"金水河"中，最为知名的、现存最为完整的当属北京紫禁城的金水河。

　　北京紫禁城的金水河历史悠久，最早可以追溯到元代。元大都建立后，为给皇城内太液池供水，专门开凿一条河道引西山玉泉水，蜿蜒流向东南，与元代高粱河平行，在大都城和义门（今西直门）流入都城，这条新开的河流即为金水河。据《元史·河渠志》记载："金水河，其源出于宛平县玉泉山，流至和义门南水门入京城，故得金水之名。"[3] 金水河入城后河道曲折南流，至皇城西南隅（今甘石桥处）分为两支，一支沿皇城西墙北流，绕过皇城西北角后，穿皇城北墙南流入城，最后在太液池北端注入池中；另一支东流至皇城，在隆福宫门前流过后，在太液池南段流入池内。同时在河流入口的对岸，还有一条新的渠道，作为金水河东支的延续，渠道自太液池东岸引水东流，经周桥，出皇城东墙，与墙外的玉河相汇。元代在开通金水河的同时，切断了城内海子南北两端的天然联系，自此北边的积水潭和南宫禁以内的太液池近在咫尺，却不再相通。

　　① 王三聘. 古今事物考 [M]. 上海：上海书店出版社，1987.

　　② 管竭忠. 开封府志 [M]. 北京：北京燕山出版社，2009.

　　③ 宋濂. 元史：志第十六·河渠一 [M]. 北京：中华书局，2016.

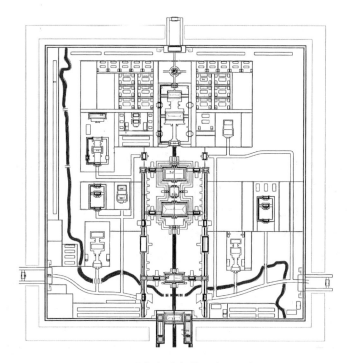

图 1-35　明南京城中的金水河示意图

　　明代后，为避免河道所经路线过多，将金水河上游都城以外的河道废弃，在元代的基础上重新规划了金水河。新的金水河分为两支，一支为外金水河，引南海湖水，自南海东北部流出，流经天安门，穿过金水桥，到皇城的东南墙与菖蒲河汇合出城，向南流入北京内护城河。据《日下旧闻考》记载："护城河西面之水，自紫禁城西南隅流经天安门外金水桥，往南注入御河，是为外金水河。"① 另一支为内金水河，引自北海水，自北海先蚕坛南流，经画舫斋、濠濮间出苑墙，再经西板桥至紫禁城北护城河，汇入护城河，又从城墙流出入紫禁城内，到城内西北角的马神庙内露出地面，曲曲弯弯流向南，过武英殿后东折，经太和殿前广场，过东华门内，由紫禁城的东南角出城，汇入外护城河（图 1-36）。

　　因为位于等级森严的皇家宫殿中，与皇宫内的建筑、园林一样，金水河在布局、形式、功能上都别具匠心，极具文化寓意。紫禁城的外金水河流经天安门前，上有 7 座桥，中间 5 座桥对应天安门的 5 个门洞。最中间的桥为御路桥，专供皇帝行走，两侧的分别为王公桥、品级桥，供王公和大臣行走，御路桥下的外金水河稍宽，左右渐窄②（图 1-37）。

　　①　于敏中 . 日下旧闻考：卷九 ［M］. 北京：北京古籍出版社，1981.
　　②　李燮平 . 皇城玉带：金水河 ［J］. 紫禁城，2006（2）：66-69.

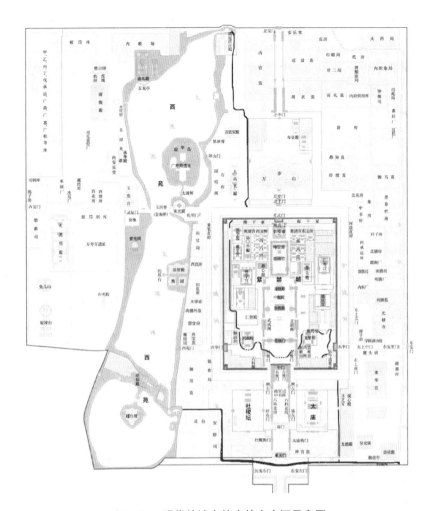

图 1-36　明紫禁城中的内外金水河示意图

图 1-37　外金水河

与外金水河相对应，内金水河上也有5座内金水桥，桥的等级、名称与外金水桥相同。河流蜿蜒流过太和门前，像一把拉满的弓，而5座金水桥像是搭在弓上的5支箭。按照传统文化的含义，这5支箭代表着仁、义、礼、智、信。除此之外，内金水河在布局上颇具匠心，明显受宫廷制度的影响。在武英殿以北的河段，河西是太监住地，河东为后妃居所，河上只有偏北的长庚桥和偏南的里马房桥可通行。通往内宫的长庚门两侧，沿墙有军士轮值把守，因此这段金水河起着分隔后宫与宦官居所的作用。内金水河只从武英殿前通过，至文华殿反而向北绕到殿的后方，这是因为在紫禁城的早期规划中，武英殿是皇帝的便殿，文华殿为太子宫。皇帝常在武英殿召见大臣，会见宗亲，为了彰显等级，将内金水河置于殿前，河上建了3座汉白玉石桥，整组建筑雕栏玉砌，螭首悬昂，以显示与文华殿不同的特征。

金水河在彰显皇权等级的同时，也为肃穆、森严的皇城增添了几分灵动与活泼。内金水河自皇城西北而入，蜿蜒曲折，形似玉带，韵如弦乐，依附地势，或宽、或窄、时隐、时现，流淌在宫内建筑之中，与端庄威严的皇家建筑相比，尽显活泼灵动之趣，对于等级森严的礼制，犹如一种流动的阐释[1]（图1-38、图1-39）。特别是在太和门前，金水河蜿蜒曲折，河上金水桥精巧华丽，桥下碧水荡漾，构成一幅小桥流水的画面。明代这里曾经种植荷花，可以想象一下：小桥流水、荷花摇曳，与宏伟的宫殿相映成趣，在金碧辉煌的太和门前是一幅怎样动人的景象！

图 1-38　内金水河

---

① 张金. 紫禁城的内金水河 [J] . 紫禁城，1980 (3)：11-12.

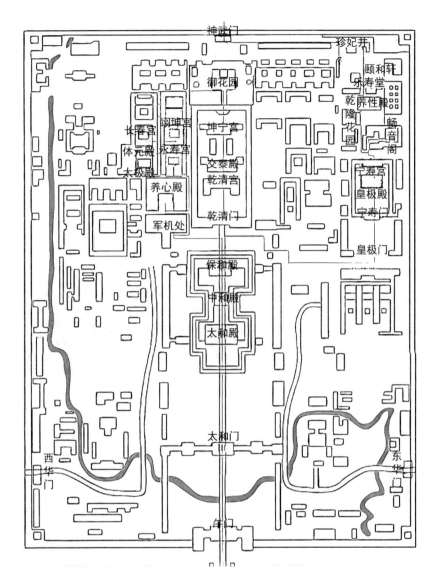

图 1-39　蜿蜒曲折的金水河

金水河在功能上，是宫廷园囿和生活用水的主要来源。因为专为皇家"服务"，这条河流有着"特殊"身份。元代《都水监记事》中记载："金水入大内，敢有浴者、浣衣者、弃土石瓴甋其中、驱牛马往饮者，皆执而笞之。"因此金水河在元代水石清华，纤尘不染，水质极佳。元代马祖常有《玉河诗》曰："御沟春水晓潺潺，直似长虹曲似环。流入宫城才咫尺，便分天上与人间。"[1] 王冕则有诗句："金水河从金口来，龙光清澈净无埃。流归天上不多路，肯许人间用一杯？"[2]

除水源作用外，金水河在设计之初，还考虑了防卫、防火、排水等多种功用。《北京

①　沈榜. 宛署杂记：卷二十 [M]. 北京：北京出版社，1961.
②　王冕. 王冕诗选 [M]. 杭州：浙江文艺出版社，1984.

宫阙图说》中曾写道："是河也，非为鱼泳在藻，以资游赏；亦非过为外曲，以耗物料。恐以外回禄之变，此水实可赖。"[1] 同时，以木结构为主的中国古代建筑存在易燃的缺点，古代的防火设施十分简陋，金水河便成了宫内消防用水的主要来源[2]。《北京宫阙图说》中记载："六年武英殿西油漆作灾，皆得此水之力；而鼎建皇极等殿大凡泥灰等顶，皆用此水。"[3] 明朝太监刘若愚在他的《酌中志》中说得十分清楚："天启四年，六科廊（即午门内东配殿、西配殿）灾；六年，武英殿西油漆做灾。皆得此水之济……回想祖宗设立，良有深意。"[4] 由此可见内金水河在皇宫防火救灾中起到了重要作用。

金水河还是紫禁城雨洪排出的主干道，紫禁城内大小 90 多个院落，各自有本院的排水管道，降雨时各个院落降雨就近排入地下暗渠，然后流入金水河再排到宫外，最后流进通惠河入海。几百年来，不管经历多大的雨水，故宫内从未出现过雨水淹漫、排水障碍等问题，主要就是得益于金水河强大的排洪功能（图 1-40）。

图 1-40　排水干道内金水河

中华人民共和国成立后，北京市政府曾多次对金水河进行疏浚治理，对河岸进行加固整修，并对金水河部分岸段重新垒砌。如今的金水河静丽依旧，穿越宫城，流淌百年。横亘在天安门前、蜿蜒流淌在威严宫殿内，映照着红墙、黄瓦，成为紫禁城一道亮丽的风景线。

（本篇撰稿人：陈新新）

①　朱偰. 北京宫阙图说 [M]. 北京：北京古籍出版社，1990.

②　王铭珍. 北京故宫内金水河为何九曲十八弯 [J]. 建筑工人，2008（11）：38-39.

③　朱偰. 北京宫阙图说 [M]. 北京：北京古籍出版社，1990.

④　刘若愚. 酌中志：卷十七　大内规制纪略 [M]. 北京：北京古籍出版社，1994.

古都印记

护城河，古称"濠"，是古时人工挖凿环绕宫城、寺院的河道。因为古代生产力低下，修建护城河和城墙是城市防卫的主要手段，所以世界各国城邑、城堡及皇宫等外围，皆建有护城河。如欧洲大大小小的城堡护城河、日本的松本护城河、柬埔寨的吴哥窟护城河等。

中国作为世界四大文明古国之一，有着四千多年的建城史，护城河的开凿历史同样悠久。按照周朝建城制度，凡王国之城或诸侯封国之城，皆建设城廓，开挖护城河（图1-41）。在我国几千年的历史长河中，广袤的神州大地上散布着形制各样的城镇、都邑，也由此形成了各具特色的护城河，如济南护城河、襄阳护城河、西安护城河等。近代由于城市化的推进，护城河防御功能丧失，古护城河也逐渐消失，遗迹已寥寥无几。而北京的护城河因为是世界文化遗产故宫的一部分，得以部分保存下来。

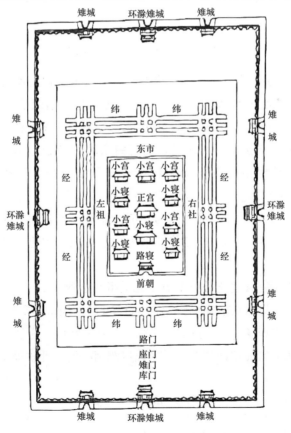

图 1-41 《周礼·考工记·匠人营国》王城规划图

《金史》中记载北京："燕都地处雄要，北依山险，南压区夏，若坐堂陛，俯视庭宇。"[①] 拥有得天独厚的地理环境优势，自古就是帝王建都立业的理想之地，与西安、洛阳、南京并列为中国四大古都。这里曾先后作为辽、金、元、明、清五个朝代的国都，历朝历代都曾在此建设了规模宏大的城邑，并形成了系统完善的护城河体系。由于区域历史、地理、社会等因素，相比其他城市的护城河，北京的护城河有几大突出特点，一是历史悠久；二是规模宏大；三是功能多样。

历史悠久

北京的建城史始于商周时期，城市护城河的历史也由此开始。1962 年，考古人员在房山琉璃河董家林村发现一座古城遗址，遗址中出土了大量带有"匽侯"（燕侯）铭文的青铜器，证明了史书中"周武王灭商后，封召公于北燕"的记载，也证实了这里曾是西周时期北方封国燕国的都邑[②]。考古中还发现在古城遗址东、西、北三面城墙外存在着宽、深各两米多的护城壕沟，这就是北京地区迄今发现修筑时间最早的护城河[③]（图 1-42）。

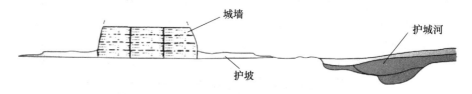

图 1-42　燕都城墙剖面示意图

北京历史上曾作为秦汉蓟县、隋朝涿郡治所、唐朝幽州治所等，是北方重要的城镇，均建有完整的城池。会同元年（938 年），辽在北京地区建立了陪都，号南京幽都府，城南北长约 3000 米，东西宽约 2200 米，呈矩形，城外四周辟护城河。金天德五年（1153 年），海陵王正式迁都北京，在辽南京城的基础上建中都城，都城大体呈方形，城墙四周开挖护城河，护城河水源主要来自城西侧的西湖（今莲花池公园）。13 世纪初，大蒙古国军队攻占金中都，金中都走向衰败。不过在今天的北京城西长安街南侧东西向的帝子胡同和受水河胡同，依稀能够找到金代护城河旧迹，右安门外玉林小区内更是发掘出金中都南护城河的水关遗址，现已改建为金中都水关遗址博物馆（图 1-43）。

元灭金后，金中都宫殿建筑破败不堪，元世祖忽必烈决定在金中都东北方向新建一座都城——元大都[④]。大都城近似方形，城四周辟 11 座城门，城墙外挖护城河，即今天北京护城河的雏形。1368 年，大将徐达率军攻占大都城后，为了便于防守，将都城北部人烟稀少的区域丢弃，北墙南移 2.5 千米，以坝河上游为北护城河。永乐四年（1406

---

① 托克托. 金史：列传第三十四 [M]. 北京：中华书局，1975.
② 王铭珍. 北京护城河今昔 [J]. 前线，2012 (3)：62-63.
③ 王铭珍. 北京的护城河 [J]. 北京档案，2011 (12)：46-47.
④ 张义. 北京护城河的历史与变迁 [J]. 环球人文地理，2015 (10)：168-169.

年），明成祖朱棣肇建紫禁城，四周开挖护城河，即今天的筒子河。1419年又将原大都城南城墙南移1千米，墙外开挖护城河，即今天前三门护城河。在两次城墙改建后，元大都南北护城河被废弃，东西护城河仍旧沿用，今天北京北部的北土城沟、西土城沟即是元代北、西护城河遗迹（图1-44、图1-45）。

图1-43 金中都水关遗址

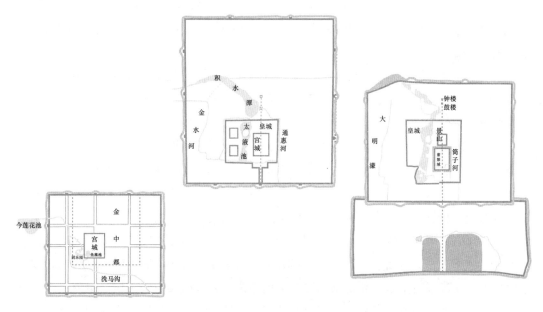

图1-44 金元明三朝北京城廓变迁示意图

图 1-45　北土城沟（元大都北护城河旧迹）

明嘉靖年间，蒙古鞑靼势力时常来侵，甚至有几次兵临城下，为防其骑兵对京城安全构成威胁，明朝在都城外修建了一道新的城墙，计划将城外的居民区都包围在内，但由于后期朝廷财政不足，城墙只修筑了包围南郊的外城，让外城在东西便门与内城相接。新修的城墙外挖护城河，并随城墙在东西便门处和内护城河相接，北京护城河"凸"字形格局由此形成[①]。清代以后，清政府基本延续了明代的城市格局，护城河也未发生较大的变化。

从最早燕国都邑，至金、元、明、清，以至现代，伴随着北京城市的发展变迁，护城河也历经了同样的岁月雕琢，绵延至今，沉淀成一道北京古都风貌的标志印记。

规模宏大

北京地区历经多个朝代，其中以元大都和明清北京城规模最为恢宏，护城河系统也最为庞大。《元史》记载元大都"城方六十里，十一门"[②]，突厥语称"汗八里"，都城东城墙长 7590 米，西城墙长 7600 米，南城墙长 6680 米，北城墙长 6730 米，近似方形，四面城墙总长 28600 米，在当时算得上是世界最大的都市之一。

明清北京城因多次改扩建，城市规模要大于元大都，全城周长 45 千米，护城河总长度 41.19 千米，城市面积合计 60.06 平方千米，是中国古代都城中的第三大城，仅次于唐长安城、汉魏洛阳城。北京城廓属于多层环绕式，最内层为紫禁城，也就是今天的北京故宫，主要为明清皇家宫殿；紫禁城外围为皇城，包含紫禁城、中南海、北海、景

①　李博洋. 明清北京护城河恢复与保护研究［D］. 北京：北方工业大学，2015.

②　宋濂. 元史：志第十·地理一［M］. 北京：中华书局，2016.

山公园等园囿，为皇家生活居住之地；皇城外围为城市居民区，并以内城墙环抱；内城南侧为嘉靖年间修筑的外城。这样北京城共有紫禁城、皇城、内城、外城四重城墙，除皇城外，其余三重城墙外侧皆有护城河，形成了层层环绕的态势（图1-46）。

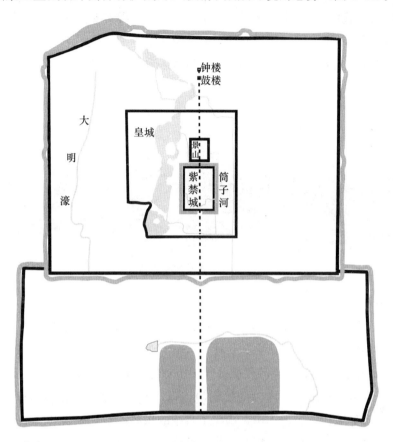

图1-46　明代北京护城河示意图

紫禁城外侧的护城河俗称"筒子河"，是紫禁城的第一道防线。河道为永乐年间修建紫禁城时开凿，全长3.5千米，划为西北、东北、西南、东南四部分。河面宽52米，深5米，两岸河帮用花岗岩码砌，河帮上砌有拦护墙，河底用灰土夯实。内城四周为内城护城河，其中东西护城河沿用元代，北护城河利用元代坝河上游段修筑，南护城河为明代城垣改建时开凿。由于地势高低悬殊，及多次疏浚修葺等原因，护城河不同位置的深浅和宽度都不一样，如阜成门南边河道只有一米多深，而德胜门以西的河道却深达3米多[1]。外城外侧为嘉靖年间开凿的外护城河，护城河在东西便门处和内城东西护城河相交，全长15.48千米，由于开凿时间较晚，工程匆促，外城的护城河普遍窄于内城护城河。内城和外城护城河皆为泥地，夯土护坡，河道两岸种植绿杨垂柳，环境清幽，富有生活气息，是明清时百姓游玩休憩的好去处。

―――――――――――――

① 王铭珍. 洋人镜头中的北京护城河［J］. 北京档案，2012（3）：44-45.

层层护城河环绕城廓，层层嵌套，和城市完美地融合成一体。城内的筒子河方正规整，水面波澜不兴（图 1-47），其内宫殿宏伟壮观、金碧辉煌，其外民居院落绵延无边，民居、筒子河、皇城相互映衬，营造出一种庄严而又静谧、井然而又繁华的城市韵味。城外的护城河曲折荡漾，两岸绿杨垂柳，宁静优美，与都城相互映衬，则营造成一种繁华悠然的田园城市意境。同时层层的护城河环绕着北京城，坐落于群山环抱的华北大平原，山林、河流、城市完美交融，达到了一种天人合一的规划意境。

图 1-47　筒子河和角楼

功能多样

护城河在开凿之初时的基本功能是防御，不过北京的护城河还兼具输水、排水、保障城市安全的功能，同时在城市水利交通、运输、观光游览、美化环境等方面都起到过很好的作用[①]。早在金代时，金政权就曾利用中都城北护城河进行漕运。最初开凿金口河，引永定河水入北护城河，再向西接闸河，以济漕运，使护城河开始有了多样的功能。元代时，大都城在建设过程中，构建了系统的水利体系，先后开凿了白浮—瓮山引水渠，疏浚了高梁河、通惠河、坝河，将护城河纳入整个城市供排水体系，由此构建了系统完善的河网体系。护城河开始在城市漕运和供排水等方面发挥作用，但北京的护城河在明清时期发挥了更多样的功能。

明代经过多次城市改建，构筑了内外两重护城河，外护城河和内护城河在东西便门处连接成一体。护城河水源主要来自西山诸泉和瓮山泊，经高梁河在西直门处分为两支，一支入西护城河，经南护城河流至大通桥，另一支流入北护城河。北护城河水一部分供给东护城河，另一部分则经德胜门西水关，流入京城"六海"（西海、后海、前海、北海、中海和南海）。六海再经内外金水河、玉河等河渠，汇入前三门护城河（内城南护城河），最后前三门护城河、内城东护城河、外城南护城河在东便门汇合，经大通桥汇入通惠河。同时由于北京地势西北高、东南低，水流有自西北流向东南的趋势，因此城内河道、暗沟、水渠皆与东护城河、南护城河和前三门护城河相通，城市雨水和居民生活用水都是先通过马路和胡同内的暗沟排入护城河，最终汇入通惠河（图 1-48）。

---

① 霍建瀛. 追忆护城河［J］. 地图，2009（Z1）：46-52.

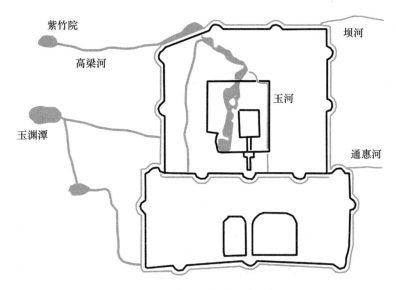

图 1-48　明清北京水系源流示意图

通过护城河的连接，北京城形成了完美的供排水体系，不仅解决了城市给排水问题，同时还保证了漕运。清朝时，经通惠河而来的漕船，行至大通桥处，一般还会驶入东护城河，至朝阳门处，卸下漕粮，用车转运至南新仓、北新仓等城内各大粮仓。平常京城百姓出游也会从朝阳门外登舟，沿护城河南下至东便门或通惠闸。每到冬天，前三门护城河和南护城河都开辟冰上运输线，坐冰船出游既省钱又快捷。此外河岸周边还是百姓游乐的好去处，如日常浣洗衣物、冬季滑冰、夏季戏水、中元节放河灯等皆以此为场所。

随着城市的建设，明清时期的护城河已脱离了单一防御功能，功能趋于多样化。层层护城河环绕着城廓，不仅守卫着安宁、维系着给排水、助力着漕运，也滋润着百姓的生活、陶冶着文人的情操。

在几千年的岁月里，曲折环绕的护城河、巍峨古朴的城墙与城市同发展、共变迁，积淀着岁月，见证着城市的古往今来。它们的文化意义已远远超越了最初的功能价值，融入城市之中，成为北京城的一道独特印记；融入城市居民生活当中，成为老北京人的一种情感记忆。

古都乡愁

北京是一座"天子"之城，宫殿庙堂、百姓瓦舍，乃至北京的山山水水都有一种"等级的印记"。在北京城内许多河流和水泊也是有等级的，如金水河、北海、中南海都是皇家专属的领域，百姓能够随意接近的只有护城河和什刹海。护城河环绕在北京内外城四周，绵延宽阔，不仅是京城百姓进出城必经的河流，也是百姓生活的重要场所。

自护城河形成之时起，它就环绕着城池，为百姓提供游憩环境和生活所需，融入百姓的生活之中，形成了一种水乳交融的关系，这种亲密的关系也让护城河在北京人的心中变得生动和鲜活。北京百姓对于护城河的亲切来源于许多方面：它无私的品性、平实的生活气息，以及诗画般的意境（图 1-49）。

图 1-49　清末西南角护城河

自广安门外的古蓟城，到高梁河畔的大都城，护城河一直随着城市的发展变迁，始终护佑着北京城。在元至明清的城市水利规划中，护城河环绕在城墙四周，是整个水利体系的重要一环，向上接纳着西山玉泉、白浮泉诸泉水，向下补给通惠河和坝河，维系着城市的漕运。同时连通内外河湖水系，在城市水系中起着调剂水量、消解雨洪的作用。北京在她的守护中，安然度过了几百年。

数百年来，护城河上舟楫往来，运客载物。明清时，南下出行的百姓大多在春夏之季从朝阳门外登舟，沿东护城河南下至东便门，再经通惠河至通州。同时南方的漕粮也经通惠河和东护城河运至朝阳门（图 1-50）。至冬日，护城河寒冻成冰，前三门护城河和南护城河则开辟冰上运输线，京城百姓多以此方式出行。而至中元节时，前三门护城河又成为老百姓放河灯、赏河灯的好去处，水波摇曳、灯影绰绰。20世纪20年代，瑞典美术史家、汉学家奥斯伍尔德·喜龙仁用绘画般的细腻笔触记录道："像运河一样的护城河变得越来越宽阔、越来越美丽——护城河两岸柳枝拂扬，河中白鸭成群，现出一片生机。常常可以看到作为渡船的方形平底船，上面用四根竹竿支起阳篷，沿浑浊的运河被人们用竹篙撑动……"①

图 1-50　20世纪20年代的内城东垣外东直门迤南护城河上行船

数百年来，护城河边人来人往，生活气息浓厚。周边百姓妇女每天都会成群结队地到河里浣洗衣物，早上进城贩卖青菜的商贩，都会提前挑着菜篮来河里涮洗青菜，下午放学的儿童会呼朋唤友，三三两两来护城河边，或是垂竿放钓，或是摇船捕鱼，或是凫水嬉戏……②

除了浓郁的生活气息，北京的护城河还有着诗一般的意境。河道环绕在城墙四周，河道宽阔悠然。春时，两岸绿杨垂柳、绿草初发，春风徐来，水波不兴；夏时，两岸景色浓郁，河水激荡，处处透着喧闹；秋时，两岸景色萧然，平静的水波倒映着巍峨的城墙，清朗的天空蕴含着高远纯净的味道；冬时，万物萧然、冰封城河，护城河又多了一丝空旷寂寥……

古时这里是文人雅士的胜地：闲暇之时，携三两知己好友，乘一叶扁舟，徜徉于徐

---

① 喜龙仁. 北京的城墙和城门［M］. 许永全，译. 北京：燕山出版社，1985.

② 王同祯. 水乡北京［M］. 北京：团结出版社，2004.

缓的水波之上，人景随风，赏两岸翠绿、品恬适气息，忘情于水波云林之中……

近代著名红学家周汝昌对护城河眷恋不已，曾写下一段优美的文字[①]：还记得坐在北京古城西门外的护城河边，古柳浓阴，长河茂草……藉坐河边，波明鸭洁，一片雄深、朴厚、博大而高爽的气象……[②]（图1-51）

图1-51　1946年的内城东南角楼东北侧—大通桥西内外城护城河汇合处

岁月能够赋予一个人沉稳内敛的气质，而千百年的风雨沧桑、无数的担负与期望，也让护城河有了多样的品德与情怀。

它是一条温顺、宁静的河流：拱卫着城池，既守护着京城的安宁，又承载着一方百姓的安乐。

它是一条普通、平易的河流：开敞着胸怀，既装点着皇城的庄严，又容纳着百姓的哀乐。

它也是一条优美、温雅的河流：浸着灯影、桨声和情调，寄托着诗人的情怀，谱写着京城的诗乐。

《道德经》中有句话："上善若水，水善利万物而不争，处众人之所恶，故几于道。"[③] 这是形容水的品性，也同样可以用来评价这条守卫都城的河流。

《尸子·君治》云"水有四德：沐浴群生，流通万物，仁也；扬清激浊，荡去浑秽，义也；柔而能犯，弱而能胜，勇也；导江疏河，恶盈流谦，智也"[④]，护城河亦复如是。

① 周汝昌. 砚霓小集［M］. 太原：山西教育出版社，1998.

② 周汝昌. 北斗京华：北京生活五十年漫忆［M］. 北京：中华书局，2007.

③ 老子. 道德经［M］. 北京：华文出版社，2010.

④ 尸佼. 尸子［M］. 北京：中华书局，1991.

凉水悠悠

提起京南的凉水河，人们的第一印象可能是"污染"。这条河流在一段时间内的确以水质污浊而知名，曾是北京南部最大的污水排放地，然而这条河流在历史上也曾有另一番秀色。明代诗人邵经邦曾有一首诗《游凉水河》，描写的就是凉水河一带湿地景象："凉水河边路，依稀似故乡。野亭穿径窄，溪柳夹川长……"① 同时这条河流历史悠久，历经隋、唐、辽、金、元、明、清等多个朝代，在历史上曾发挥着水路运输、排水、农业灌溉等诸多作用（图 1-52）。

图 1-52　凉水河

凉水河位于北京城南部，属于北运河水系，起源于丰台丽泽桥东部，婉转向南，流经万泉寺、大红门、马驹桥等地，在通州张家湾榆林庄汇入北运河。河流全长 58 千米，沿途汇集莲花河、丰草河、马草河、旱河、小龙河等，流域面积达 629 平方千米，是京南最重要的河流之一。

在三国至唐代时期，永定河蜿蜒于蓟城南郊，河流水势分散，离析成多条细微河流，并与潞水（今北运河）汇合，基本呈现一种自然的状态。但后来经隋朝开发，始有

---

① 于敏中. 日下旧闻考：卷九十［M］. 北京：北京古籍出版社，1981.

凉水河的雏形。

581年，隋朝建立，定都大兴城（今陕西西安）。经过隋文帝一系列的改革，隋炀帝杨广即位时，隋朝的国势已空前强盛。此时隋国东北的高句丽王朝亦逐渐崛起，屡次派兵侵袭隋朝边疆并遣使拉拢突厥，隋炀帝遂决心东征高句丽，彻底解决辽东问题。兵马未动，粮草先行。高句丽位于隋帝国东北边陲，路途遥远，无论是军队还是粮食的运输均是一个极大的问题。彼时蓟城为涿郡治所，是北方的军事重镇，东征必须以此为大本营。为此隋炀帝决定开凿连接洛阳和涿郡的运河，即永济渠。大业四年，隋炀帝征集河北诸郡男女百万人口开凿永济渠，河道分为南北两段，南端以沁水为源头，东北流向，沿途汇集清水、淇水，至浚县汇入白沟。北段沿潞河下游北上（今北运河），至今天津市武清区折入永定河支系，再沿河道北上至涿郡（图1-53）。这段连接涿郡与潞河的河渠即为后来的凉水河。

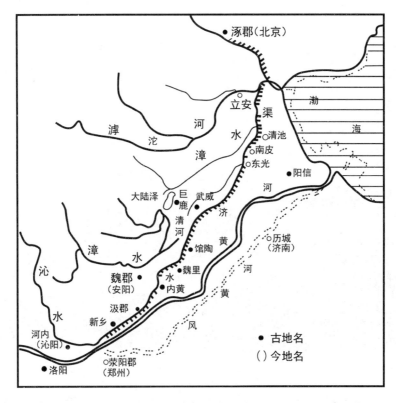

图1-53 永济渠行径示意图

经过几年的充足准备后，隋炀帝开启了他的"东征"壮举，史载："乙亥，帝自江都行幸涿郡，御龙舟，渡河入永济渠。"[①] 随同皇帝出行的还有声势浩大的军队、辎重。此次战役炀帝共征调军队113万人，号称200万人，民夫倍之，分水路和陆路两道。其中水路就是经过新开通的永济渠，北上至涿郡。可以想象当年蓟城南郊凉水河上龙船浩

① 司马光.资治通鉴［M］.北京：中华书局，2011.

荡、旌旗蔽日，是何等的壮阔和喧嚣！

　　然而，隋炀帝连年征伐、劳民耗财，引发统治危机，隋朝立国仅 38 年就走向了灭亡。随着隋朝的灭亡，唐太宗在征辽东时又再次启用这段河渠（图 1-54）。

图 1-54　永济渠旧址半截河

　　隋唐以后，永定河南移，在原河流故道上遗留下众多水流支系，其中凉水河源头改至今丰台水头村，因水头村地势低洼、芦苇丛生、泉源众多，有三步一泉之说。泉水清澈、水汽清凉，凉水河由此得名。在上游汇入凉水河的还有另一条重要的河流——洗马沟，即后来的莲花河，正是这条河流为凉水河带来了新的生机（图 1-55）。

　　为便于统治，贞元元年（1153 年）偏居一隅的金政权正式迁都燕京，改燕京为中都。金代在辽南京城旧址上建立新的都城，都城规划时依托凉水河构建南城护城河，并将西侧的洗马沟圈入都城内，使河流自都城西北流入，自都城东南城墙水关处流出，与凉水河交汇后流入南海子水泊，经桑干河故道流向潞河。这一水系格局在近代一次考古发掘中也得到了印证。1990 年北京市园林局在丰台区右安门建宿舍楼时，偶然发现了埋藏在地下的一个水关遗址，水关规模庞大，残留部分由过水涵洞底部、涵洞两厢石壁、进出水口及水关之上夯土城墙四部分组成，全长 47.4 米，两厢石壁间距 7.7 米。经考古专家鉴定，这处水关遗址为金代洗马沟流出东南城墙的水关，而正是这一发现，确定金中都城址位置，证实了金中都城内的水系流向。因为年代久远，金代华丽的宫殿城池大多已无迹可寻，但从这恢宏的水关遗址，依稀可以遥想曾经凉水河畔的金中都是多么的宏伟壮观（图 1-56）。

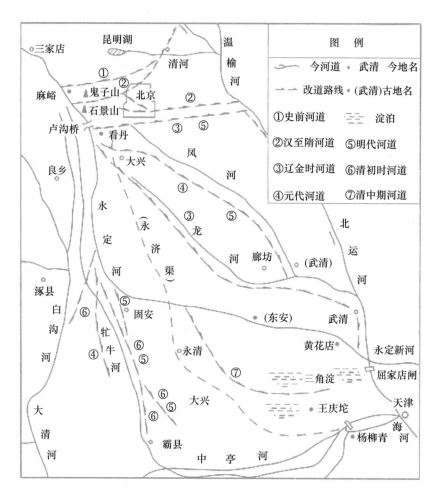

图 1-55　历史上永定河下游变迁示意图

图 1-56　金中都水关遗址

如果说金代给凉水河带来了生机，那么明代则为这条河流带来了繁华。明代以后，随着人口的增多，京城百姓活动范围逐渐向南扩展，凉水河畔也逐渐热闹和繁华起来。明代在凉水河畔建筑行宫、寺庙等，其中最知名的为南顶碧霞元君庙。

"顶"是百姓对碧霞元君庙的特有称呼。明朝时，北京城区周围共有五顶，环列于北京城区四周，每逢阴历四月十八碧霞元君诞辰日，五顶都会举行盛大的庙会，而以南顶、中顶最盛。其中南顶又分小南顶和大南顶，小南顶位于南苑大红门外，南邻凉水河；大南顶位于通州区马驹桥镇，毗邻凉水河。两顶都是京南重要的民俗寺庙，每当举办庙会时，人头攒动，商贩云集，为京城南部的一大胜景，这种盛况一直持续到清末。清代震钧《天咫偶闻》记载："永定门外碧霞元君庙，俗称南顶（小南顶），旧有九龙冈，环植桃柳万株，南邻草桥河。五月初，游人麇集，支苇为棚，饮于河上。亦有歌者侑酒，竟日喧阗，后桃柳摧残，庙亦坍破，而游者如故。"[①]《燕京岁时记》也记载："每至五月，自初一起，开庙十日，士女云集……至夕散后，多在大沙子口看赛马。"[②]

在凉水河上，与南顶同样知名的还有一座知名的古桥——马驹桥。这座桥位于镇北门口和河北段村之间，横跨凉水河上[③]。这座桥的名称由来已久，隋唐时期，朝廷在蓟城南部饲养有大量军马，将公马、母马，以及仔马分开饲养，马驹桥附近恰为仔马饲养处，为往来行人渡河方便，河上搭设了一架木桥，桥也被称为马驹桥，因交通便捷，久而久之成为东南方向进出北京的必经之路[④]。辽金帝王王妃去延芳淀游玩、元帝王前往飞放（指纵鹰隼搏击活动）泊游猎等都经过此桥。明代以后，马驹桥周边集市繁华，桥上车辆行人过往频繁。同时朝廷在南海子建有行宫和游猎场，东围墙正门位于马驹桥北段以西，皇家前来游猎时必经此桥。此木桥因车马"纷纷络绎，四时不休"而逐渐损坏。天顺七年（1463年），明英宗下令由国库出资重新修马驹桥。桥重修后，南北长70米，宽7米，坚固宏伟，成为扼守京南的一条重要通道，与卢沟桥、朝宗桥、永通桥并称为"拱卫京师四大石桥"。

河流也有生命，但往往因人而盛，因人而衰。时间来到20世纪80年代，因为城市工业化的发展，原本清澈的凉水河变了模样。由于凉水河监管不到位，河道渐渐成为周边居民和企业的排污渠（图1-57）。

---

① 震钧. 天咫偶闻：卷九 ［M］. 北京：北京古籍出版社，1982.
② 富察敦崇. 燕京岁时记 ［M］. 北京：北京古籍出版社，2001.
③ 北京市通州区文化委员会. 通州文物志 ［M］. 北京：文艺出版社，2006.
④ 吴文涛. 亦庄史话 ［J］. 前线，2006（3）：61-62.

图 1-57　曾经污染严重的凉水河

　　而在历史上，凉水河还有另一番全然不同的模样。明清时，凉水河自水头村起始，东流折向南，在南苑北墙外与其另一水源支流草桥河相汇，自栅子口入南苑，经旧衙门宫再经鹿圈，由东红门流出，汇入潞泽。河流穿越南苑东北区域，几乎润泽了半个南海子，形成七十二泉、积水"三泊"，这里天润地泽，水美草丰，成为天然的牧场。皇家苑囿的牛圈、羊圈、鹿圈、马厩等设施，大部分都设置在这一地区。

　　因为这条河流的重要性，清朝康熙年间曾多次对其疏浚治理。为避免凉水河下游夏秋水漫，造成南海子水泄不畅，雍正皇帝特别命人在河道下游开挖新渠，建置水闸①。乾隆三十六年（1771 年），乾隆皇帝亲自考察了凉水河，见凉水河上游河段地势洼下，河道宣泄不畅，溢阻旅途，专门拨款疏浚凉水河，使凉水河安流无患。值得一提的是，乾隆皇帝在治理凉水河时，在右安门外特别新辟九顷（1 顷≈6.67 公顷，后同）稻田，引凉水河灌溉。《日下旧闻考》记载："河两岸旧有稻田数十顷，又新辟稻田九顷余，均资灌溉之利。或云其地似江乡风景者，不知余之意期于农旅俱受其益，并非藉此为点缀也。"② 乾隆皇帝苦心孤诣的经营，让凉水河呈现一派水乡景色。每至时夏，凉水河畔水陌纵横、稻花荷香，一幅江南的旖旎景色。庆幸的是岁月轮回，美景再现。在"两山理论"的指导下，北京市自 2013 年起连续实施三个"三年治污行动"，启动凉水河水环境综合治理工程。在各方的共同努力下，曾经的《牛奶河》，已然成为一条水清、岸绿、安全、宜人的河流，水质由劣Ⅴ类改善至Ⅳ类，部分河段甚至达到了Ⅲ类，绿化面积达287 万平方米，两岸树翠、鸟唱、虫鸣，一派生机。明代诗人邵经邦的《游凉水河》中描写的凉水河边路，依稀似故乡。野亭穿径窄，溪柳夹川长。"景色已跃然重现。

　　回望凉水河：穿越隋、唐、金、元、明、清，担负漕运、通渠、供水、泄水的使命。千百年来，它哺育着京城，润泽着城南人民；在润物无声中，也形成了自己厚重的底蕴和性格，既有水性的清澈、漕运的浩荡，也有民俗的繁华、田园的诗意。虽然近代不合理的开发，让这条温润清澈的河流蒙受污浊，但在新时代的人民美好的愿景下，这条河流已经再现灵韵，成为中国生态治理伟大实践的一个缩影（图 1-58）。

　　①　北京市政协文史和学习委员会. 北京水史：上［M］. 北京：中国水利水电出版社，2013.
　　②　于敏中. 日下旧闻考：卷九十［M］. 北京：北京古籍出版社，1981.

图 1-58　凉水河（张家湾段）

第二章
古都镜水

北京"摇篮"

"出淤泥而不染，濯清涟而不妖"，北宋周敦颐一首《爱莲说》道出了莲花的脾性。莲花，纯洁无瑕的象征，即使身处污泥，身在无间，也不肯沾染上一丝尘垢。因其高洁的形象，莲花逐渐成为中国文人及普罗大众赞美的对象。只要环境适宜，人们都会在自家的池塘、缸、盆或周边的水泊中，种上几株莲花，在北京观莲之处很多，甚至有一片专门以莲花命名的水泊——莲花池。

莲花池，位于北京西城、丰台、海淀三区的交界处，紧邻北京西客站（图2-1）。这里每天人来人往，无数人在这附近匆匆而过，但鲜有人知道莲花池的过往。

图2-1　北京西站和莲花池

西周初年，武王伐纣灭商后施行分封制，黄帝的后代封在蓟城，召公封在北燕。北燕并非现在的燕京，其位置位于北京市房山区琉璃河一带，而蓟城就在现在广安门一带，也就是莲花池畔。春秋时期，燕国逐渐发展壮大，吞并了蓟，迁都到蓟城。彼时莲花池是古蓟城西郊的水泊，古称"西湖""南河泊"，其下游河道为莲花河，古称"洗马沟"。莲花河自水泊流向东南途经古蓟城，莲花池通过莲花河为古蓟城提供水源。《水经注》中记载："（洗马沟）水上承蓟城西之大湖，湖有二源，水俱出县西北平地导泉。流

结西湖，湖东西二里，南北三里，盖燕之旧池也。绿水澄澹，川亭望远，亦为游瞩之胜所也。"[1]（图 2-2）

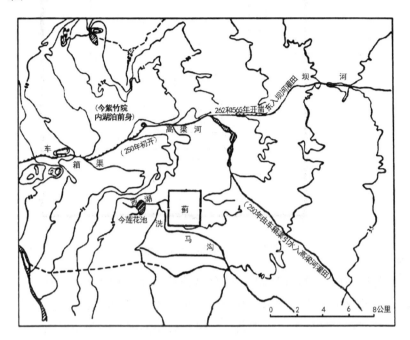

图 2-2　古代蓟城近郊的河湖水系与主要灌溉渠道

此后一直到辽代，莲花池水系一直被作为城市用水的主要水源。金代以后，海陵王完颜亮定都中都，莲花池转变成为皇家水系，声名远扬。完颜亮是金太祖完颜阿骨打的庶长孙，因受到金熙宗完颜亶忌惮，皇统九年（1149 年）弑君篡位。传说完颜亮深知自己终归不是正统，要被天下人唾弃，加之还要待在原国都上宁府，他就更加坐立不安，所以急迫地想迁都。可惜没有一个绝好的理由，让所有大臣都同意。有一日，完颜亮看见一株莲花，便心生一计。他命人种下 200 株莲花，可没几天花儿就个个儿蔫了下来，他叫来臣子问道："为什么我的莲花不能活？"臣答："自古江南为橘，江北为枳，非种者不能栽，盖地势也。上都地寒，惟燕京地暖可栽莲。"[2] 完颜亮听后大喜，遂与大臣商讨迁都事宜。迁都的理由虽然荒唐牵强，但想必完颜亮真心喜欢莲花，迁都后他命人在莲花池内种上了莲花，莲花也就成为莲花池独特的景致。

完颜亮在辽南京城旧址上建立中都城。因城市护城河、园囿建设需要便利的水源，城市人口饮水也需要充沛的水源供给，所以金中都在规划时，考虑到水源问题，巧妙地将莲花河圈入城内，使河流自都城西北流入，自都城东南流出，从西北到东南斜穿整个都城（图 2-3）。

①　郦道元．水经注：卷十三　漯水［M］．北京：中华书局，2016.
②　宇文懋昭．大金国志：卷十三［M］．新北：广文书局，1968.

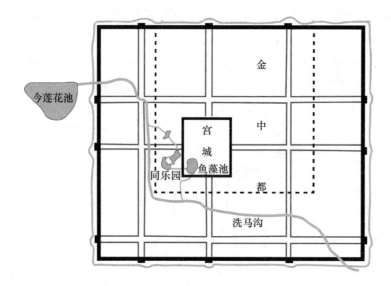

图 2-3　金中都水系示意图

河流流经都城西城墙时，河水的一部分被截留，流入护城河[①]。另一部分流入城内后流向东南，这部分水系流经中都皇城显西门时又被分为两支，一支沿皇城外侧南流、东折；另一支被引进皇城内院，用来营造了风景秀丽的同乐园和鱼藻池。两处园囿水系环绕，碧波荡漾，景色十分优美[②]。此后这支水系和另一支水系在皇城南墙汇合，然后流出都城，这样巧妙地满足了金中都供水和园囿建设的需求。

金朝末年，中都城在大蒙古国铁骑的践踏下已较为破败。其后，元朝在金中都东北新建大都城，将城市水源的重担由莲花池改为高粱河，莲花河和莲花池由此成为一处郊外的风景胜地。清《天咫偶闻》中有记载："南河泊，俗呼莲花池，在广宁门（广安门）外石路南……有大池广十亩许，红白莲满之，可以泛舟，长夏游人竞集。"[③]

中华人民共和国成立后，为方便城市雨洪排放，政府多次疏浚莲花池和莲花河，莲花河逐渐被改造为一条城市排水渠道，河道下游被导入到西南护城河（图 2-4、图 2-5）。1957 年时，为避免京西污水、洪水穿越城区，政府又在莲花河下游开凿新的渠道，将河水汇入凉水河[④]。1993 年北京建设西客站，准备填埋莲花池，为此著名历史地理学家侯仁之先生四处奔走游说，说服政府将西客站向东挪了 100 米，使莲花池得以保留下来。后来侯仁之为了莲花池的复建而继续奔走，最终莲花池在 2000 年得以复建。

①　朱正伦，李小燕. 城脉图解：北京古城古建［M］. 北京：北京大学出版社，2011.
②　李裕宏. 北京的摇篮：莲花池水系［J］. 北京水利，2004（5）：59.
③　震钧. 天咫偶闻：卷九［M］. 北京：北京古籍出版社，1982.
④　李裕宏. 关于恢复莲花池水系的建议［J］. 北京规划建设，2002（2）：65-66.

图 2-4 莲花池平面示意图

图 2-5 莲花河现状

如今的莲花池公园是夏日赏荷的好地方（图 2-6），占地 53.6 公顷，共设有 10 个景区。园内风景宜人，湖光山色与亭亭玉立的荷花相映成趣，荡着小舟在池内游玩赏景；清风徐来，一片荷香，能够感受到一种别样的沧桑和美丽。经历了重重的磨难，如今莲花池在新的时代再次绽放生机。

图 2-6　莲花池现状

（本篇撰稿人：董艳丽）

皇帝钓台

垂钓是我国一项传统的文化游娱活动，有着悠久的历史和丰富的文化内涵。昔姜子牙垂钓于渭水，等待时机，寻觅明主；严子陵垂钓于富春江，追求志趣，淡泊名利。垂钓不仅寄托着古代文人的理想抱负和情操，更包含着人们的闲情意趣。北京作为一座历史文化古都，文化灿烂、人文荟萃，在这里也有许多与垂钓相关的故事、诗篇和历史古迹。北京共有四处钓鱼台，分别是东钓鱼台、南钓鱼台、西钓鱼台、玉渊潭钓鱼台。四处钓鱼台在古时都是有名的风景胜地，但这几处钓鱼台并不全因垂钓而得名，更多的是古代文人附庸雅趣而为，只有玉渊潭钓鱼台是一个"名副其实"的垂钓遗迹。

玉渊潭钓鱼台自形成就带着"贵族气质"，其垂钓文化始于金代。800 多年前，金政权在莲花池畔建立中都城，北京成为北方重要的政治文化中心。金代时中都城外河渚遍布、草木繁盛，而彼时钓鱼台为金中都城西北处郊野水泊[①]（图 2-7）。因地下有泉汇涌，四季不竭，形成了许多水泊，不少文人时常游玩于此，很多权贵在此修筑花园，此地逐渐成为一处名胜。

钓鱼台垂钓文化始于金章宗，"章宗筑台"可以看作是钓鱼台重要的历史符号与节点。金大定二十九年（1189 年），金章宗即位，其聪慧好学，崇尚儒雅，在位期间政治清明，文治灿然。与清代乾隆皇帝相似的是，这位皇帝精力丰富，兴趣多样，在政事之暇，喜爱游山玩水，他的足迹遍及北京的山山水水，修建了西山八大水院。而位于中都城西北不远处的钓鱼台风景优美，也成了章宗垂爱之地。相传章宗喜欢垂钓，曾多次到此处垂钓休憩，并修建行宫，为了垂钓还专门修筑了石台，钓鱼台之名由此而来。《析津志辑佚》中记载："钓鱼台在平则门西花园子，金章宗于春月钓鱼之地。今虽废，基址尚存。"[②]《宛署杂记》中也记载："钓鱼台，在县西香山七图，离京五里，系金章宗皇帝钓鱼古台，今为内官庄宅。"[③] 金哀宗即位后，也时常前来垂钓游玩，曾作诗赞美钓鱼台："金主銮舆几度来，钓台高欲比金台。"以钓鱼台赞比燕昭王的金台，可见其对这座台院的喜爱。虽然有着与章宗一样的雅趣嗜好，但却时运不济，在位期间金国每况愈下，最终因被大蒙古国的兵围困而自缢。

① 岳升阳，徐海鹏，孙洪伟 . 古蓟城地貌景观的演化 ［J］. 水土保持研究，2001（2）：35-40.
② 熊梦祥 . 析津志辑佚 ［M］. 北京：北京古籍出版社，1983.
③ 沈榜 . 宛署杂记：卷四 ［M］. 北京：北京出版社，1961.

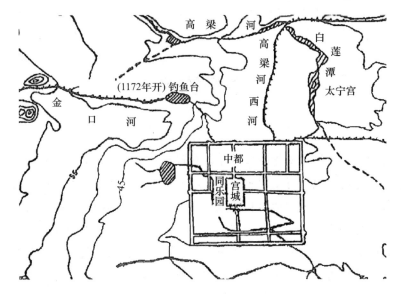

图 2-7　金代钓鱼台位置示意图

金代末期，由于战事频繁、社会动乱，中都城外的离宫别苑大多萧条败落，钓鱼台自然也未能幸免。与钓鱼台有着同样命运的还有一位"困窘"的文人——王郁①。他是金朝末年一位非常有才华的文学家，原本家境富有，在乱世中家财散尽，后来隐居钓鱼台潜心述作，不与外界交往，不求人知。《长安客话》记载："平则门外以南十里花园村，有泉从地涌出，汇为池，其水至冬不竭。金时，郡人王郁隐此，作台池上，假钓为乐，至今人呼其地为钓鱼台。"②

王郁文章闳博奇古，一扫积弊，传世后名动京师，为世人称赞。刘祁《归潜志》中曾记载："少时居住于均台，闭门读书……正大五年（1228 年）至汴京，又为著名文士赵秉文、雷希颜等激赏，遂以布衣少年名动京师。"③ 但时运不济，命途多舛。"金末，蒙古围汴京，王郁突围东走，后为兵士所杀"，遇害时王郁年仅 30 岁，这也让其曾经的隐居地钓鱼台蒙上了一层悲凉的色彩。

人事有代谢，往来成古今。元世祖定都北京，营建大都城，狼烟未灭，都城郊野外金代荒芜的遗迹尚在，但盛景犹在故人难寻。相比于辽金帝王诗文游娱的意趣，元代游牧民族的帝王更喜爱驰骋疆场的豪情壮志，所以营建都城时，仅在皇城内修建了大内御苑，在大都城内较少建置皇家园林，对于金代遗留的园林也无心修葺，位于郊外的钓鱼台也被搁置。

不久钓鱼台迎来了新的主人——廉希宪。廉希宪 19 岁入侍忽必烈于藩邸，被称为"廉孟子"，23 岁时任京兆宣抚使，政绩斐然。他与王郁相隔仅几十年，但却因时代不

---

① 金代文学家，传说王郁少年时期居住在今海淀区钓鱼台一带，闭门读书。

② 蒋一葵 . 长安客话 [M] . 北京：北京古籍出版社，1982.

③ 刘祁 . 归潜志：卷三 [M] . 北京：中华书局，2007.

同、个人选择不同，有着截然不同的命运。中统三年（1262 年），31 岁的廉希宪官拜中书平章政事，可谓春风得意。史书记载廉希宪曾在此购置宅院，在潭边植柳百株，起名"万柳堂"。《长安客话》描述云："元初，野云廉公希宪即钓鱼台为别墅，构堂池上，绕池植柳百株，因题曰万柳堂。池中多莲，每夏柳荫莲香，风景可爱。"① 此时的钓鱼台一扫金代的贵气与阴郁，多了几分田园的质朴与野趣。钓鱼台景色优美，廉希宪在此时常宴请好友吟诗作赋，成为元初文人聚集的重要场所②。明代以后，又有许多文人在此购置屋舍，明神宗朱翊钧的外祖父、武清侯李伟曾在此建筑别墅，钓鱼台也一直保持着景气萧爽的状态。明末文人刘侗在《帝京景物略》中描绘钓鱼台："堤柳四垂，水四面，一渚中央，渚置一榭，水置一舟，沙汀鸟闻，曲房一邃……"③

历史总是不停地轮回，翻看历史有时会发现许多惊人相似的片段。与金国源出一族的清朝，打败了明末起义军和明军，在北京建立政权，开始了新的统治。新政权开始时，万物向荣，百废待兴，新的君主总要将前朝旧物修葺一番，以寓意"革鼎换新"，作为郊野名胜的钓鱼台，也少不了皇家的垂爱。清朝建立不久，钓鱼台迎来了另一位对其影响深远的皇帝——乾隆帝。乾隆皇帝在康熙、雍正两朝文治武功的基础上，稳固疆土、整顿吏治、修编文史，使清朝达到了康乾盛世的最高峰。虽然出身于游牧民族，乾隆却极度热爱汉文化，与金章宗一样喜欢诗词礼乐、造园筑景。他在位期间足迹遍及西山各地，为了便于游玩，他利用西山美景，大规模兴修水利，兴建园林。为了治理西郊玉泉山、香山一带泉流疏泄不畅引起的夏季洪涝灾害，乾隆皇帝将钓鱼台西侧低洼的潭池疏浚成湖，修筑香山引河将西山诸泉水引至此，在湖的下口建闸，使之成为能够收纳西郊诸水的大水库，疏浚后的湖泊即现在的玉渊潭④（图 2-8）。同时，乾隆皇帝在钓鱼台旧址上，通过堆山石、栽花木、建亭阁殿堂，兴建了一处行宫——养源斋（图 2-9）。在增建行宫时，乾隆皇帝还在行宫的西南面，建造了一座用城砖砌就的高台，高台呈南北走向，位于澄漪亭西北，西面大门上的石横额镌刻着"钓鱼台"三个大字。高台形似一座小城堡，旁门有石梯，可拾级而上到达台顶，站在台顶可以俯瞰整个玉渊潭美景。由于位于西山园林和天坛之间，钓鱼台行宫建成后，便成为帝后自圆明园致祭天坛途中的停跸之所⑤。

周而复始，物极必衰。与金国一样，清国在乾隆时期达到了鼎盛，此后逐渐衰败。末代皇帝溥仪扮演着与金哀宗相似的角色，但他比哀宗更幸运一些，能够在乱世中得以保全。

溥仪生不逢时，虽然很小登基，但那时清朝政府已风雨飘摇。辛亥革命后，清朝土崩瓦解，钓鱼台、紫竹院等处行宫年久失修，长年闲置，杂草丛生。溥仪有一位十分信

---

① 蒋一葵. 长安客话 [M]. 北京：北京古籍出版社，1982.

② 北京市公园绿地协会. 景观：2014 年第 1 辑 [M]. 北京：团结出版社，2014.

③ 刘侗，于奕正. 帝都景物略：卷五 [M]. 北京：北京古籍出版社，1983.

④ 金雷. 钓鱼台今昔 [J]. 城市防震减灾，1999（6）：44-46.

⑤ 树军. 钓鱼台历史档案 [M]. 北京：中央党校出版社，1999.

任的老师——陈宝琛，1922年陈宝琛患病，已经退位的溥仪皇帝亲自前往探望，但陈宝琛以不合祖制为由拒绝，有感于恩师的"忠诚"，溥仪遂将钓鱼台行宫当礼物送给了老师，作为其安度晚年的宅院。陈宝琛十分兴奋，大摆宴席，连续几天款待京城的亲朋好友。此后时局混乱，钓鱼台辗转流落成为傅作义的消夏别墅。

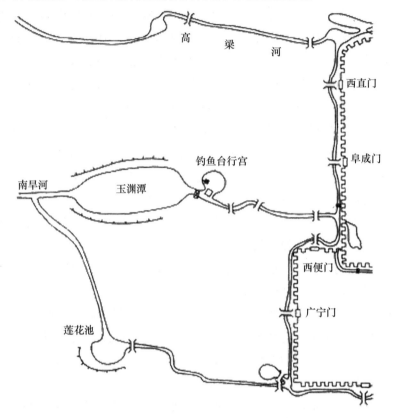

图 2-8　清光绪年间玉渊潭上下游水道图

图 2-9　养源斋

中华人民共和国成立后，对玉渊潭进行了一系列疏浚治理。为配合永定河引水工程，在玉渊潭旧湖南边挖了一个约 10 公顷的新湖，状如葫芦，取名"八一湖"（图 2-10）。新旧二湖东西两端相连，既可引水，也能蓄水，成为北京一处重要的水利枢纽。同时在几片水泊周边布置景物，改作城市公园，园内景致众多，以早春樱花最负盛名，每年都会吸引无数来自各地的游客。

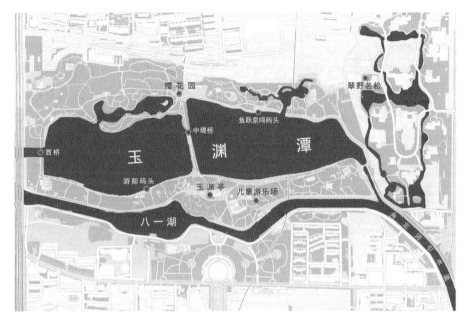

图 2-10　玉渊潭水系示意图

玉渊潭东侧的皇家园林被改为钓鱼台国宾馆，1959 年钓鱼台建筑群也被纳入其中。宾馆占地面积约 40 万平方米，包括 15 座造型古朴、雍容华贵的宾馆楼。馆内新辟 3 个人工湖，并引玉渊潭水注入，河道环流，弯曲有致。宾馆专门接待来自世界各国的贵宾，是我国与世界各国交往联谊的场所① （图 2-11）。

图 2-11　钓鱼台内部环境

---

① 焦雄 . 北京钓鱼台的来历［J］. 工会信息，2014（5）：36.

众水之源

在北京有两个神秘之地，一处是历史悠久、风光秀丽的皇家园林中南海；另一处则是中央军委驻地，有着"中国政治的后花园"之称的玉泉山。那么玉泉山在哪里呢？如果游览颐和园，在天气晴朗的时候向西眺望，可隐约地看到一处苍翠的青山，山峦逶迤南北，"土纹隐起，作苍龙鳞"，其上耸立着一座高高的宝塔，名为玉峰塔，塔基之下即是玉泉山（图2-12）。

图 2-12　在颐和园内远眺玉泉山

玉泉山位于西山山麓，风景秀丽。辽金以来就一直是重要的皇家园林，至清朝成为著名的静明园，如今仍是謷声遐迩的风景胜地。远古时期，玉泉山地区曾是永定河故道，地下水资源充沛，同时岩层多为石灰岩，透水性强，容易形成山泉。在这种地质条件下，玉泉山形成了众多的山泉，以泉水知名。"沙痕石隙，随地皆泉"，明清时有名称的泉眼多达30余处[①]，名气较大的有8处（图2-13）。

山泉之中最大的泉眼为玉泉，因"水清而碧，澄洁似玉"得名，而"玉泉山"之名亦由此而来。玉泉水自山间石隙喷涌，水卷银花，宛如玉虹，人称"玉泉垂虹"，是为

①　北京市水务局水务志办公室 . 话说北京的河湖泉［R］. 北京：北京市水务局水务志办公室，2009.

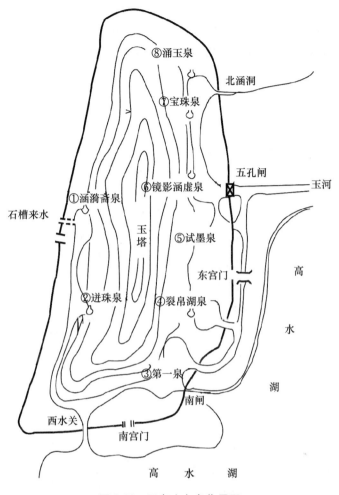

图 2-13 玉泉山各泉位置图

燕京八景之一。明初王英曾有诗形容："山下泉流似玉虹，清泠（líng）不与众泉同。"[①]
清乾隆皇帝游玩玉泉山时，看到玉泉的水是从石缝中流出的，与趵突泉十分相似，赐名
"玉泉趵突"，并作诗留史："玉泉昔日此垂虹，史笔谁真感慨中。不改千秋翻趵突，几
曾百丈落云空。"[②]

　　玉泉水质甘甜，天下闻名。相传乾隆皇帝为比较天下泉水水质，命人前往全国各地
汲取名泉泉水，通过比较水之轻重，来衡量水质。称量结果是：济南珍珠泉斗重一两二
厘（古时 1 两≈31.25 克；1000 厘＝1 两）；长江金山水重一两三厘；惠山虎跑泉水重
一两四厘；平山水重一两六厘；凉山、白沙、虎邱、碧云寺诸水重一两一分，只有玉
泉、伊逊两地之水重一两，水质轻而甘美。乾隆于是赐封玉泉为天下第一泉，题字"天
下第一泉"，并将其定为皇家御用水源。

---

① 沈榜．宛署杂记：卷七 [M]．北京：北京出版社，1961.

② 于敏中．日下旧闻考：卷八 [M]．北京：北京古籍出版社，1983.

除了玉泉外，山上还有一些较大的泉眼，如涌玉泉、涵漪斋泉、迸珠泉、裂帛湖泉等。这些泉眼一年四季出水旺盛，泉水流至山下，在山下平原汇集成了大大小小的水泊池塘，各湖之间以水道相连，形成"五湖环山"之势（图2-14）。

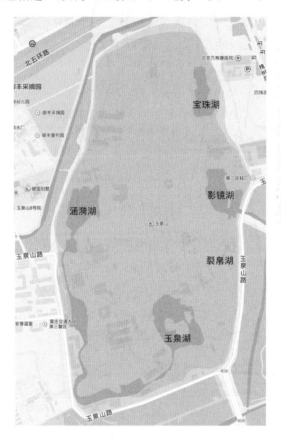

图 2-14 玉泉山诸湖

自古"天下名山僧占多"，但在北京，众多名山胜地却多被皇家园林所占据，玉泉山因其景色秀美、清泉四溢，自辽金以来就一直是重要的皇家园林。金代时，金章宗曾在玉泉山建行宫和芙蓉殿，元世祖忽必烈在此建昭化寺，明英宗时玉泉山上又修建了上下华严寺。清顺治二年（1645年），在玉泉山上修建行宫，被定名为"澄心园"。康熙十九年（1680年）增修很多园林建筑，并于康熙三十一年（1692年）更名为"静明园"，使其正式成为皇家园林。乾隆年间，乾隆皇帝开始在西山大规模建筑园林，静明园被进一步扩大，玉泉山和周边的河湖被全部圈入园墙之内，玉泉山园林进入鼎盛时代，全园格局也由此形成。

园林规模庞大，景色形胜，溪流泉池、亭台楼阁等各种要素荟萃于一园，形成了众多优美的景观。乾隆皇帝遂将突出的景致，定为静明园"十六景"，每景以四字命名，并作诗一首。这十六景包括：廓然大公、玉泉趵突、竹垆山房……玉峰塔影、风篁清听、镜影涵虚、裂帛湖光、云处钟声等，其中的"玉峰塔影""裂帛湖光""玉泉趵突"

等饮誉京都。

全园景区大致可分为三部分：南山景区、东山景区和西山景区，其中以南山景区景色最为殊胜（图2-15），也是整个园区内建筑最为集中的区域。南山区域以玉泉湖为中心，湖区近似方形，湖中有并列三岛，即是传统的"一池三山"的格局。湖西、湖北靠近山翼，湖西岸为玉泉泉眼，泉旁立石碑二方，右碑刻乾隆御制《玉泉山天下第一泉记》，左碑刻御书"天下第一泉"五字。湖南北两岸还有真武祠、廓然大公等厅堂建筑，祠庙厅堂背山濒水，与山光湖水交相呼应，形成玉泉湖优美的画面。

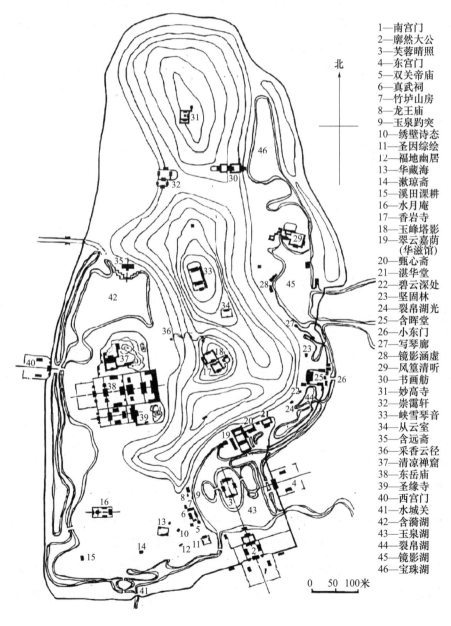

1—南宫门
2—廓然大公
3—芙蓉晴照
4—东宫门
5—双关帝庙
6—真武祠
7—竹炉山房
8—龙王庙
9—玉泉趵突
10—绣壁诗态
11—圣因综绘
12—福地幽居
13—华藏海
14—漱琼斋
15—溪田课耕
16—水月庵
17—香岩寺
18—玉峰塔影
19—翠云嘉荫
　　（华滋馆）
20—甄心斋
21—湛华堂
22—碧云深处
23—坚固林
24—裂帛湖光
25—含晖堂
26—小东门
27—写琴廊
28—镜影涵虚
29—风篁清听
30—书画舫
31—妙高寺
32—崇霭轩
33—峡雪琴音
34—从云室
35—含远斋
36—采香云径
37—清凉禅窟
38—东岳庙
39—圣缘寺
40—西宫门
41—水城关
42—含漪湖
43—玉泉湖
44—裂帛湖
45—镜影湖
46—宝珠湖

北

0　50　100米

图2-15　静明园平面图

除建筑、水泊外，山峦之上还耸立着三座石塔：山顶端的玉峰塔、北端侧峰的妙高塔、南端余脉峰的华藏塔。这三座塔耸立在玉泉山三座山峰上，将山势凸显得更加峻秀挺拔[1]，玉泉山也因此有"塔山"的称谓。三塔之中以玉峰塔最为知名，玉峰塔是一座七层八面的琉璃塔，雄踞玉泉山最高处，是北京地理位置最高的塔，站在塔顶即可将西郊山野园林、离宫别院尽收眼底。而挺拔的塔身倒映在昆明湖上，青山、碧波、塔影相映成趣，组成了玉泉山的标志性景观——"玉峰塔影"。

玉泉山泉水温润充沛，不仅孕育了优美的园林，还深刻影响着北京城市水系的发展。玉泉水系的开发最早可以追溯至辽金时期，金代以前山上丰沛的泉水冒出，内聚成湖、外流成河，借地势沿清河东流而下，汇集西山诸水。据金人碑记记载："燕城西北三十里有玉泉，自山而出，泓澄百顷，及其放乎长川，浑浩流转，莫知其涯。"金代在金口河槽失败后，为解决漕运用水，疏浚玉泉山水，使其流向瓮山泊（今昆明湖），经高梁河汇入积水潭（今什刹海），再以积水潭为中心，接济漕运、补给城市、润泽园林（图2-16）。

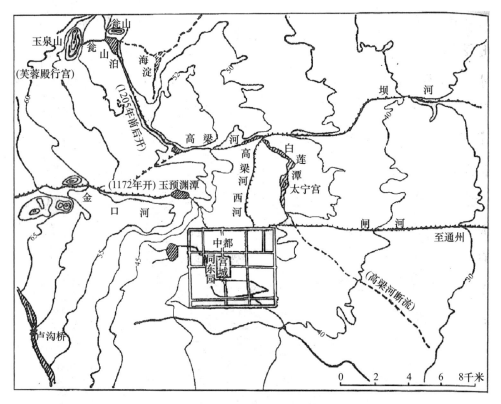

图 2-16　金中都城宫苑水系与主要灌溉渠道

元大都城建成后，对水的需求更加庞大，对于玉泉山水系的开发利用也更加多样。鉴于玉泉山水质较好，元代开凿了金水河，连接大内太液池和玉泉山，专供皇家使用

---

① 胡介中，李路珂，袁琳. 北京古建筑地图：中［M］. 北京：清华大学出版社，2011.

（图 2-17）。同时为满足漕运，元代在金代水系开发的基础上，开凿了白浮—瓮山引水渠，汇集昌平白浮山泉水至昆明湖，再经高梁河导流至下游。这一时期，玉泉、白浮泉—瓮山水系取代了金代莲花河水系，成为北京最重要的补给水源。

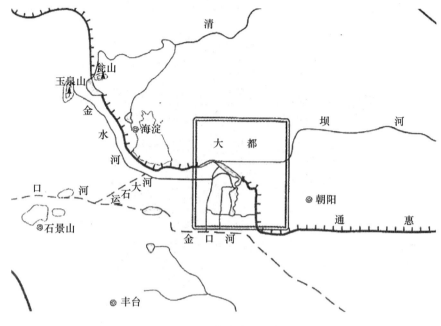

图 2-17　元代金水河示意图

金元时期对于玉泉山水系的开发利用已达到很大的规模，但这片水源真正大放光彩的时期是在清代。清代不仅依托玉泉山水建筑了规模宏大的静明园，同时还整合了玉泉山水系，使其成为西北园林的重要补给水源。清代统治者在西郊大规模兴建皇家园林，西起香山，东至圆明园。随着园林用水量的大增，清代帝王开始在三山五园地区大力兴修水利[1]。

乾隆十四年（1749 年），乾隆皇帝派人勘察玉泉山水系，疏通了宝珠泉、涌玉泉等泉眼，将泉水汇集成几片较大的水泊，最终都汇集到玉泉湖，并在玉泉山东南开挖了高水湖和养水湖，接纳玉泉山泉水（图 2-18），以调节水量和灌溉稻田。同时大规模疏浚了昆明湖，东扩湖面，使其面积扩大一倍，再将高水湖和玉泉山水导引至昆明湖，丰沛其水量，并于周边修建三座闸门，以调节水位。通过这些疏浚整修工程，形成了以玉泉山诸湖和昆明湖为主体的供水系统。这一水系的作用主要是两方面：一方面，可以向东为西北园林区供给水源；另一方面，可以通过高梁河和城内"六海"，补给下游漕运。乾隆三十八年，为增加昆明湖水量，乾隆皇帝又命人收集西山卧佛寺樱桃沟和碧云寺以及香山诸泉水，利用石凿水槽引至四王府村广润庙内的石砌水池，然后引水东流至玉泉山，再合流玉泉山诸泉，注入昆明湖。

---

① 赵连稳. 清代三山五园地区水系的形成 ［J］. 北京联合大学学报（人文社会科学版），2015，（1）：16-21.

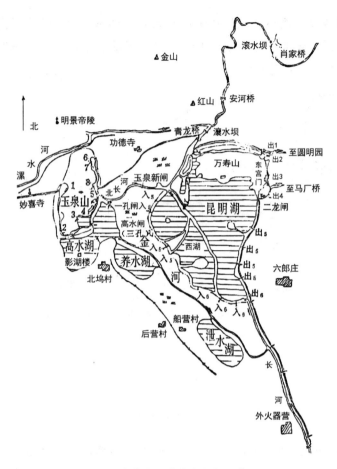

图 2-18　高水湖、养水湖、金河位置图

　　纵观各朝代的水利开发可以发现，玉泉山水系对于北京城市的发展一直有着不同寻常的意义。玉泉山水系作为北京水系的源头，通过与昆明湖、高梁河等众多的湖泊水系相联系，形成了严密有序的城市水系格局[①]（图 2-19）。这一水系格局不仅在城市供水、灌溉、漕运等方面有着诸多助益，同时也造就了"三山五园""京城六海""层层护城河""宫城金水河"等独特的京城风貌特征。大大小小的宫苑、园林、寺庙依水而立，使宫殿的辉煌、园林的柔美与河流的秀美交相辉映，将动静之美发挥到极致[②]。

　　然而盛极必衰，玉泉山自金代至今，水量就一直处于逐渐衰减的状态。据记载，金代时泉涌有一尺许；清代有半尺许，有名称的泉眼 30 余处；清代末期，由于水位下降，山泉流量减少，周边湖泊变稻田、稻田又变旱地。20 世纪 20 年代尚有 14 处较大的泉穴，20 世纪 30 年代时剩 8 处[③]；至 1975 年时，滋润北京城 700 余年的玉泉山诸泉彻底

　　① 吴文涛. 昆明湖水系变迁及其对北京城市发展的意义［J］. 北京社会科学，2014（4）：110-116.
　　② 李裕宏. 孕育北京城的玉泉水系［J］. 北京规划建设，2003（4）：114-115.
　　③ 北京市水务局水务志办公室. 话说北京的河湖泉［R］. 北京，2009.

干涸，令人感到唏嘘①。玉泉山诸泉枯竭断流的历史，也是北京水环境历史变迁的一个缩影。虽然玉泉山泉水已断流，但它影响了北京的水系格局，遗留下了众多风光旖旎的水景，在北京水利史上留下了光辉一笔。

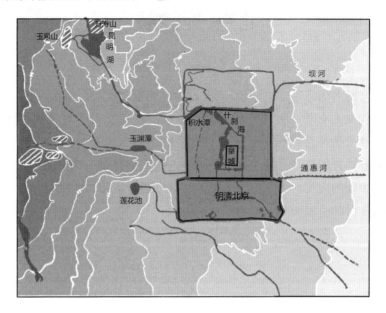

图 2-19　明清北京与附近水系图

---

① 朱晨东 . 玉泉为什么湮没了［J］. 北京水务，2016，(1)：60-62.

北京"西湖"

　　谢灵运在《游名山志并序》中说："夫衣食，人生之所资；山水，性兮之所适。"山水之于中国古代文人有着一种独特的含义。山水不仅给文人墨客带来创作的灵感与情思，更是他们寻求精神意趣的重要依托（图 2-20）。而古代帝王世子深受诗书礼乐熏陶，对于山水也有着同样的热爱。限于礼制要求，古代大部分帝王都不能像乾隆皇帝一样六下江南，饱览中国的大美河山，但很多帝王都会专门营造园林而供自己游乐，这就催生了一大批华丽气派的皇家园林。

图 2-20　设色山水

北京位于华北平原北部，地处山水环绕的山湾之中，山湾内河流密布，这里山水虽比不上江南的秀丽，却多出了几分雄美壮丽。在这片山水形胜的土地上，曾有燕、辽、金、元、明、清六个朝代建立都城，历朝历代皇家贵族依托都城内外山川湖淀，营造了众多的山水园林，如辽金琼林苑、元代西苑、明代南苑、清代三山五园，等等。在这诸多园林之中，最为辉煌壮丽的则首推颐和园。这座园林有着"中国最大皇家园林""中国保存最完整的皇家园林"等诸多称誉，是当之无愧的皇家园林明珠。

颐和园核心区域是昆明湖，这片水泊面积约为颐和园总体面积的四分之三，与万寿山一道构成了颐和园的主体。昆明湖古称"瓮山泊"，同时还有一个独特的名字——西湖。之所以被称为西湖，是因为这片水泊地处北京西郊，山水俱佳，宛如江南的西湖。早在金代时，金海陵王完颜亮就为这片风景优美的水泊所倾服，在此建造了金山行宫。至金章宗时，又从西面的玉泉山引泉水汇集湖中，扩大水泊面积。到元代时，为满足京都漕运水源之需，水利学家郭守敬开凿白浮—瓮山引水渠，导引昌平白浮泉入湖，昆明湖成为上游泉水与下游运河的中转枢纽。明代时由于修建昌平皇陵，白浮—瓮山引水渠断流。明孝宗乳母助圣夫人罗氏曾在瓮山前建圆静寺，明武宗在湖滨修建"好山园"，并在湖中遍植荷花，周边种植稻田。一时荷花稻田、湖畔寺院、亭台棋布，犹如江南西湖风景，遂有"西湖""西湖景"之称。

清朝建立后，热爱山水园林的清王室开始在海淀修建园林，如畅春园、静宜园、静明园和圆明园等，而这些园林用水主要引自昆明湖。由于园林众多，湖水逐渐无法满足京城和漕运需要，因此整修水利、开辟新的水源已成当时迫切需要解决的问题。乾隆皇帝派人考察西山水利，先后疏浚玉泉山、卧佛寺樱桃沟、香山等诸泉水，汇集到昆明湖中（图2-21）。同时大规模疏浚昆明湖，拓挖水泊，向东西两侧扩展，在湖中西堤上新建了三座闸门，平时三闸关闭拦蓄湖水，如果京师用水，打开南闸，水从北向南流入京城（明代西湖和清代昆明湖对比如图2-22所示）。水泊疏浚后，乾隆皇帝将其作为操练水军的场所，并引用汉武帝开凿昆明池的典故，命名"昆明湖"。除兴修水利、操练水军外，乾隆皇帝疏浚昆明湖还有一个重要的目的，就是为他的母亲祝寿[①]。在拓挖昆明湖时，疏挖湖底的泥都被堆到了瓮山之上。乾隆十五年，在圆静寺旧址上修建大报恩延寿寺，乾隆皇帝由此改瓮山为"万寿山"，名义上是为其母亲祝寿。

但寺庙建成后，工程却没有结束，水泊周边的亭、堂、桥、榭陆续修建，一座大型园林渐渐展露雏形，不久这片湖山被改名为"清漪园"。由于园林修建过多，乾隆皇帝为不劳民伤财，曾许诺不再修建园林，但这山水实在太优美，若不能修建园林供自己游玩实在可惜，因此只能借水利施工、祝寿之名以障耳目。既然要建，那么新修建的园林应该建成什么样呢？其实早在祝寿之前，乾隆皇帝就陪同他母亲南下江南，经过杭州西湖时，命宫廷画师将西湖美景临摹下来送往京师，这些画作就成为日后颐和园营建的样本。

---

① 张宝章，刘德倜．从清漪园到颐和园［J］．北京档案，2014（6）：54-57．

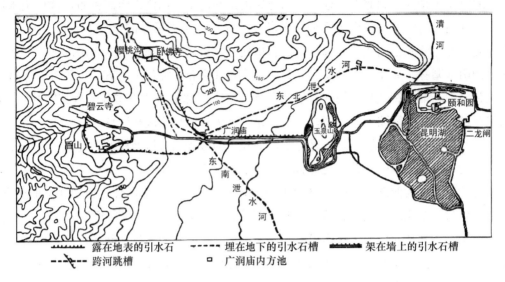

图 2-21　清代利用引水石槽汇集西山诸泉

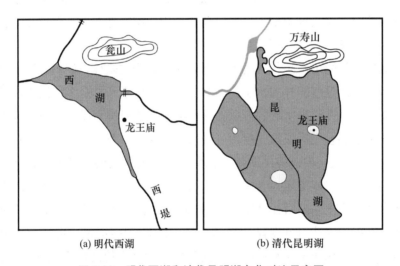

(a) 明代西湖　　　　　　　　(b) 清代昆明湖

图 2-22　明代西湖和清代昆明湖变化对比示意图

　　源于皇帝对杭州西湖的热爱，在格局和意蕴上，这片水泊与杭州西湖极其神似。西湖背依孤山（图 2-23），湖中苏堤将湖分东西两侧，堤上亦建六桥，遍植柳绿；而昆明湖背靠万寿山，湖中西堤将湖分东西两部分，堤上散布六桥，桃柳遍植。在大格局上，两者几乎一模一样。每至清晨或阴雨时节，自西湖南边向北望去，山色空蒙、烟雨朦胧；而站在昆明湖畔，亦可看到烟雨笼罩下的湖面、雾气氤氲的群山，意境极其相似，有时会让人分不清身处西湖还是昆明湖。每至晴朗之日，西湖远处的雷峰塔、近处的六桥烟柳，亦如昆明湖玉峰塔和西堤六桥，在意蕴上也有着诸多相通之处。

　　昆明湖与杭州西湖虽有诸多相似之处，但恢宏的皇家格局、深厚的文化意蕴、包罗万象的人文景致，使得昆明湖景致神似西湖，而又不同于西湖。乾隆皇帝在园林营造之

(a) 西湖 　　　　　　　　　　　　　　(b) 昆明湖

图 2-23　杭州西湖与昆明湖

初，以浩渺的昆明湖为主体，北靠万寿山，形成一山一水的山水园林格局（图 2-24）。湖中西堤及其支堤把湖面划分为三个大小不等的水域，每个水域各有一个湖心岛，形成一池三山的园林模式。万寿山以佛香阁为中心，组成巨大山体建筑，自排云门、二宫门、排云殿，直至山顶的智慧海，形成了一条统领全局的中轴线（图 2-25）。异于江南西湖的优美自然，颐和园这种格局形态更显疏朗雄伟。

图 2-24　万寿山和昆明湖

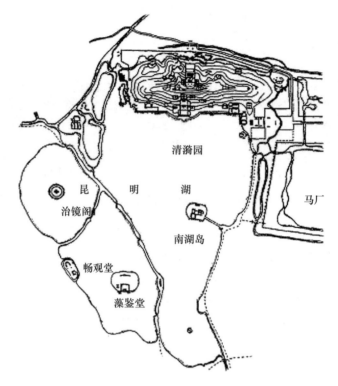

图 2-25　昆明湖总平面示意图

在描摹西湖美景的同时，乾隆皇帝也将各地的名园胜景汇聚于园中。如谐趣园内的知鱼桥、玉琴峡与无锡寄畅园的知鱼桥、八音涧亦有异曲同工之妙；连接南湖岛和东堤的十七孔桥，原型是仿照卢沟桥，桥拥有 17 个桥拱，中间的桥拱为第九个，与皇帝"九五之尊"的寓意相应，桥上望柱仿照卢沟桥的狮子，但比卢沟桥还多了 59 只（图 2-26）；万寿山北侧的"四大部洲"，仿照的范本是西藏最古老的寺庙——桑耶寺，其布局形式体现了藏传佛教的宇宙观；位于西堤南段的景明楼，则是参考岳阳楼而建。这些著名的景致，使得这座北方的园林融汇了南北山水的灵性和文化意趣于一体。

(a) 卢沟桥　　　　　　　　　　　　　(b) 十七孔桥

图 2-26　卢沟桥与十七孔桥

颐和园在乾隆皇帝的苦心经营下，历时 15 年完工，园林积淀着中国上下几千年的文化，饱含着几十万工匠的心血和汗水，是一个前所未有、登峰造极的锦绣花园。不过与西湖的开放不同，这座园林本是乾隆皇帝为满足自己游乐所建，建成后自然成为皇家的专属。史书记载，乾隆皇帝对园林景色喜爱至极，他一生中共到园游玩 132 次。颐和园的美景常常让乾隆诗兴大发，他一生写过 42000 首诗歌，当中咏颐和园的诗就有 1500 多首。但由于这座园林违背了他最初不再修建园林的诺言，乾隆帝从没有在园里住过。他曾自责道："园虽成，过辰而往，逮午而返，未尝度宵，犹初志也，或亦有以谅予矣。"[①] 道光以后，清政府国力衰败，颐和园逐渐荒废。1860 年第二次鸦片战争期间，颐和园被英法联军烧毁。十几年后，慈禧太后为了退居休养，挪用海军经费，以光绪帝名义下令重建颐和园[②]。其后园林又遭八国联军洗劫，翌年慈禧再次动用巨款修复此园。清政府灭亡后，1924 年颐和园被辟为对外开放公园，才真正成为寻常百姓都能参观游玩的"西湖"（图 2-27）。

图 2-27　颐和早春

① 于敏中. 日下旧闻考：卷八十四［M］. 北京：北京古籍出版社，1981.
② 邹兆琦. 慈禧挪用海军费造颐和园史实考证［J］. 学术月刊，1984（5）：23-31.

京华胜地 （一）

　　北京紫禁城西北角静静躺着三片湖泊，自东向西依次为前海、后海和西海，统称"什刹海"。三片水泊是京城唯一的一处具有开阔水面的开放型景区。湖岸散落着众多王府宅邸、名人故居及大片的胡同和四合院，可谓京城面积最大、风貌保存最完整的一片历史街区。景区内来往穿梭的人力车夫在向游人讲解时，会时不时提起"海子""积水潭""港口""漕运码头"等词，无论是老北京还是外地的游客，大多数人对于什刹海的认识和印象也大多限于这几个词语了。

　　北京曾有句俗语"先有什刹海，后有北京城"，这是对什刹海历史的高度概括。正如俗语所说，什刹海的历史要比现在的北京城还要早。关于什刹海的记载最早可追溯到辽金时期。据史料记载，今天的什刹海三海、北海、中海以及原二环外的太平湖，在辽代时原为一片广袤的湖泊，后世称之"三海大河"（图 2-28）。湖泊位于古高梁河下游，是永定河改道遗留的故道。

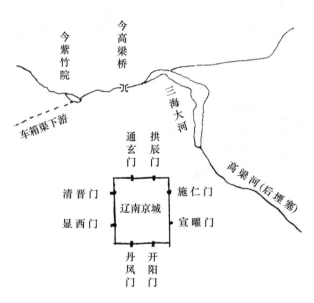

图 2-28　三海大河示意图

　　1153 年，金迁都燕京，更名金中都。此时的三海大河水域辽阔，风光旖旎，并于湖中遍植白莲，又称"白莲潭"。金主利用此地秀美的自然风光兴建了太宁宫，作为休闲娱乐的离宫。据《金史·地理志》记载："京城北离宫有太宁宫，大定十九年建，后更为寿宁，又更为寿安。明昌二年更为万宁宫。"① 这片区域景色迷人，建有众多的园林宫殿、亭台、楼阁，雕梁画栋，气派非凡。

广袤的白莲潭不仅成为金代统治者休闲度假的乐园，在城市供排水和漕运方面也发挥着重要作用。为解决城市漕运问题，金代围绕白莲潭构建了一个系统的漕运水利体系。据考证，金代先是利用曹魏车箱渠下游河段，疏通了一支漕河②，自白莲潭北端引水向东，通入通州潞河（今北运河）。但因漕河运力有限，金代又开凿了金口河，引永定河水，经北护城河，东入潞河。而因永定河"地势高峻，水性浑浊"，金口河漕运最终未能成功③。此后，金代在金口河下游河段的基础上，修建了闸河，自白莲潭南端引水，东与潞河相通，并将高梁河水源移至瓮山泊，保证了水源的供给，这样经由闸河的漕船都可驶至中都城。白莲潭也因连接漕河和闸河，成为金中都漕运体系的核心，起着重要的调蓄作用。自此这片宁静的水泊渐起波澜，多了宫苑的热闹和漕运的喧嚣（图 2-29）。

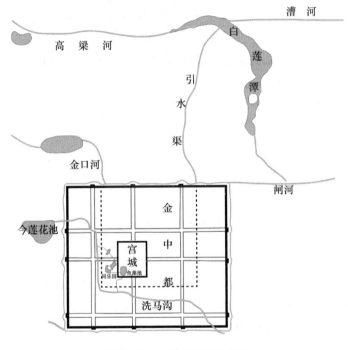

图 2-29 金代白莲潭示意图

大蒙古国政权的入主则揭开了这片水泊大规模漕运开发的序幕。1264 年忽必烈听从刘秉忠的建议，决定建都燕京，仍称中都。此时金中都城水源不足、地势低洼，且宫殿已被大蒙古国骑兵焚毁，不宜在旧址建筑新城。而白莲潭一带水泊广袤，环境优美，且水利条件良好，忽必烈初到燕京时（1260 年）就曾驻跸于此处的万宁宫，综合权衡

① 托克托. 金史：志第五 ［M］. 北京：中华书局，1975.
② 蔡蕃. 元代的坝河：大都运河研究 ［J］. 水利学报，1984（12）：56-64.
③ 吴文涛. 北京水史 ［M］. 北京：人民出版社，2013.

后，他于至元四年（1267 年）命刘秉忠以白莲潭为依托重新规划大都城。刘秉忠以白莲潭为核心进行城市规划：将白莲潭南部圈入皇城内部，即太液池（现北海、中海），池周边环绕布置宫城、隆福宫、兴圣宫和御苑；北部则被隔于城外，改称积水潭，为今天什刹海的雏形（图 2-30）。

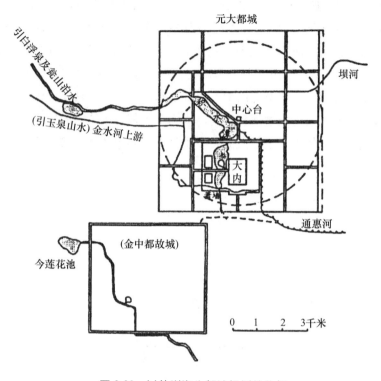

图 2-30　以什刹海为都城规划的依据

大蒙古国人以游牧为生，世代居住于草原，他们习惯将草原上水面宽广的水泊称为海子，因此什刹海在元代时称为"海子"，又名"积水潭"（图 2-31）。积水潭位于城市中心，上承西山水系，下接京南诸流，重要的地理位置决定了其不凡的"命运"，很快成为一处百货骈集、舳舻蔽水的繁华港口。

元大都建成后，城市发展迅速，人口急剧增加，每年消耗大量的粮食等物资。这些物资主要是由南方江浙一带供应，当时利用京杭运河运送的物资在抵达通州后，一部分可以经过坝河运往大都城，其他只能通过陆路运输。但通州离京城路途遥远，陆路运输需要人拉马运，效率极低，尤其到雨季，道路泥泞、艰涩难行。为解决这一问题，元代著名水利科学家郭守敬主持修建了通惠河，先是开凿白浮—瓮山引水渠，汇集白浮泉、玉泉山等西山泉水至瓮山泊，再以瓮山泊为调蓄水库，经高梁河引水至积水潭。再在金代闸河基础上修建河道，自积水潭东岸（今万宁桥处）引水东南，流至通州，在张家湾附近汇入潞河。如此一来，南来的粮船经过通惠河逆流而上，直抵大都城内的积水潭（图 2-32）。

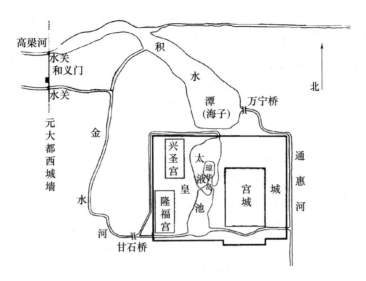

图 2-31 元大都积水潭示意图

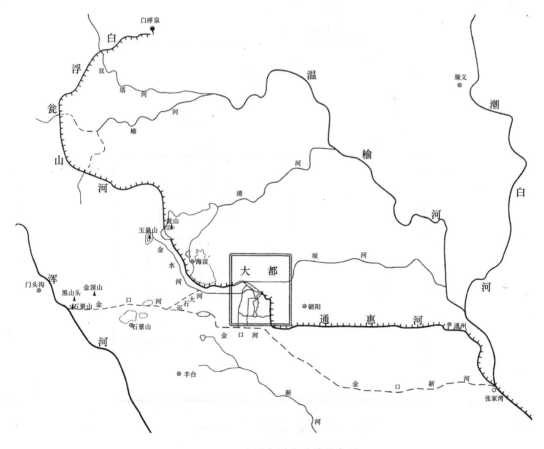

图 2-32 白浮泉引水路线示意图

通惠河疏通后，南方货物可直达中都，积水潭成了重要的货物码头和物资集散地。南北往来的货船皆在此吞吐，一时舳舻蔽水，商贾云集，"川陕豪客，吴楚大贾，飞帆一苇，经抵辇下"，沿岸建有诸多集市①。特别是齐政楼附近更是热闹非凡，《析津志辑佚》记载："楼之东南转角街市，俱是针铺。西斜街临海子，率多歌台酒馆。有望湖亭，昔日皆贵官游赏之地。楼之左右，俱有果木、饼面、柴炭、器用之属。"② 湖面南北船只往来、丝竹管弦、灯火摇曳，宛如江南秦淮。

随着朝代的更迭，积水潭樯橹连云的盛况有了新的变化。1368 年，明大将徐达占领大都城，为便于防守，将元大都北城墙南退 2.5 千米，定于城墙西北角积水潭北部最窄处，将湖的西北一角隔于城外，为后来的太平湖（现已被填埋）。靖难之役后，明成祖朱棣夺取皇位，迁都北平，在元大都的基础上建立北京城。由于多年战乱，积水潭漕运已逐渐废弛。明宣德七年，皇城东墙扩建，通惠河上游的玉河被圈入皇城内部，通惠河与积水潭之间的联系被切断，南来的漕船只能经运河行至东便门外的大通桥。积水潭船舶林立的场景一去不返，热闹的港口成为一片寂静的水湾。明时在天寿山建立墓葬群十三陵，白浮泉流经明皇陵之前，被认为"有伤风水地脉"，弃而不用，白浮泉—瓮山泊的引水河道也就逐渐湮废。积水潭因此而水源减少、水位下降，湖岸周边出现大片的浅滩、湿地，逐渐缩减成蜿蜒相连的三片水域（图 2-33）。

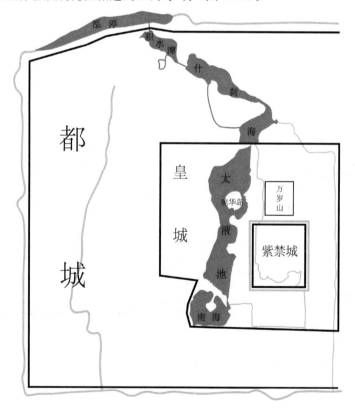

图 2-33　明代中后期什刹海示意图

① 朱祖希．古都北京 [M]．北京：北京工业大学出版社，2007．
② 熊梦祥．析津志辑佚：古迹 [M]．北京：北京古籍出版社，1983．

　　积水潭的漕运码头功能至此完全丧失，由繁华市肆变成了封闭宁静的水泊。水泊水质清澈、飞鸟翔集，逐渐成为京城内宁静的自然风景区。明朝的官员在此修建起了府邸，随后更多文人雅士选择聚居于此，湖岸周边一时名园荟萃。据《帝京景物略》中记载："立净业寺门，目存水南。坐太师圃，晾马厂、镜园、莲花庵、刘茂才园，目存水北。东望之，方园也，宜夕也。西望之，漫园、湜园、王园也，望西山，宜朝。"① 清幽的环境同样受到僧侣道徒的青睐，越来越多的庙宇落址于湖畔，其中有镇水观音庵（汇通祠）、莲花庵、什刹海、宏善寺、寿明寺、小龙华寺、广化寺、真武庙、清虚观、大藏龙华寺……而什刹海此时始得其名，据北京史地专家侯仁之先生考证，"什刹海"一名就来源于明代寺庙"十刹海"，只是把'十'字又谐音写作'什'字而已。《天府广记》中记载："十刹海在龙华寺前，万历中陕西僧三藏建。"② 除去府邸寺庙，什刹海湖畔还有众多文人聚集的厅社，如供雅集的莲花社、供清赏的古墨斋、供美食的虾菜亭……明代名臣李东阳曾在《慈恩寺偶成》诗中赞叹什刹海："城中第一佳山水，世上几多闲岁华……"③

　　明亡清兴，什刹海三片水泊未发生较大的变化，但湖岸四周却早已物是人非（图 2-34）。明代府第、亭园、寺庙多已消逝、凋零，取而代之的则是新一代王府宅院，王府中比较有名的有恭王府、醇亲王府，除此之外还有成亲王府、庆王府、阿拉善王府、罗王府、涛贝勒府等（图 2-35）。同时，什刹海景色秀丽依旧，人文活动有增无减，清朝著名才子纳兰性德、朱彝尊、陈维崧等都曾在此留下过足迹。清朝末年，民俗经济蓬勃发展，什刹海岸边的酒楼茶社逐渐增多，如天香楼、庆和饭庄、会贤堂等，地区活动趋于平民化和大众化，时有京韵京味的民间文艺演出。

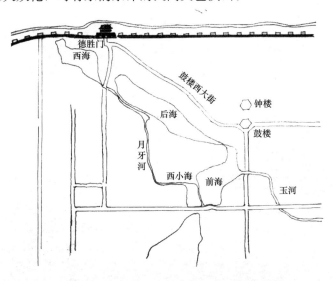

图 2-34　清代什刹海周边水系状况示意图

　　① 刘侗，于奕正．帝京景物略：卷一［M］．北京：北京古籍出版社，1983.

　　② 孙承泽．天府广记：卷三十八［M］．北京：北京古籍出版社，1984.

　　③ 于敏中．日下旧闻考：卷五十四［M］．北京：北京古籍出版社，1981.

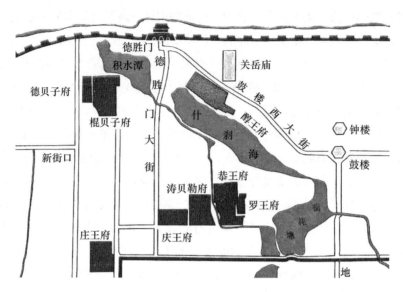

图 2-35 清代什刹海周边王府分布示意图

此后百年，北京遭受连绵不断的战争动乱，什刹海也随着城市风雨飘摇。

今天的什刹海已经成为北京著名的风景胜地，游客穿梭、酒吧林立（图 2-36）。船舶云集、文人聚集等历史场景虽已不见，但仍能从湖岸四周的遗迹中探寻到历史的印记：经历 700 年风雨的万宁桥、明代的汇通祠和广化寺、三海周边的王府、民国文人集会的厅社……还有透着西洋气息的酒吧。世代更迭、人事变迁，什刹海一直伴随着北京的发展，见证着城市的变迁，也浓缩了古城几百年的记忆。

图 2-36 什刹海现状

京华胜地 （二）

　　打开北京的地图，首先映入眼帘的是位于城市中心的六片水泊，水泊自上而下依次为西海、后海、前海、北海、中海、南海。其中南海、中海和北海在明清时称为"太液池"，位于皇城内部，为古代皇家所有。平常老百姓能够靠近观赏的只有前海、后海、西海，即著名的什刹海（图 2-37）。

图 2-37　什刹海

　　后三片水泊散布在北京城市中心，是北京百姓最喜爱游逛的场所，许多旅游团也会把什刹海景区作为一个免费的旅游点赠送给游客。徜徉于什刹海会被其浓厚的文化氛围所感染：走街串巷的人力三轮车夫、街道上热闹的民俗表演、琳琅满目的百货小吃、各色各样的工艺饰品、大片古朴沧桑的宅院，以及数不清的名胜古迹，混杂着车夫的吆喝声、小贩的叫卖声，构成了什刹海热闹繁盛的人文图景（图 2-38）。什刹海凭借这种浓郁的人文气息，在 2005 年被《中国国家地理》杂志评选为"中国最美的五大城区"之一，与厦门鼓浪屿、苏州老城、澳门历史城区、青岛八大关齐名。

　　事实上，什刹海的繁盛远不止此，这片水泊自开发之始即奠定了其繁华的基调。从元至清，什刹海一直扮演着诸多角色：码头、风景名胜区、商业中心、人文中心、民俗场所等。这里既有元时"舳舻蔽水"、商铺鳞次栉比的历史场景，也有文人雅士赏景畅饮、吟诗作赋的韵事，还有小贩抑扬顿挫的叫卖声、民俗艺人技若神功的杂耍表演。这片水泊过去夹杂了太多的历史片段，也糅合了数不清的历史故事。

图 2-38　什刹海商业街

　　什刹海可谓"名胜之地"。《帝京景物略》中以"西湖春，秦淮夏，洞庭秋"[①] 来赞美什刹海的神韵，正如描述一样，这片湖泊四季皆景，处处名胜，被誉为"北方的水乡"。春日湖面初开，湖岸绿杨垂柳，卉木萋萋，春意盎然（图 2-39）。明代胡俨曾以"一川春水冰初泮，万古西山翠不消"[②] 诗句来描写什刹海的春景。夏季碧波万顷，水天一色，渔船穿行其间，正如清初高珩《水关竹枝词》里的诗句："酒家亭畔唤渔船，万顷玻璃万顷天。"[③] 秋季荻花飞舞，秋风瑟瑟，清代法式善以一句"来看月桥月，行到西涯西"[④] 勾勒出什刹海的秋日美景。冬季气候寒冷，什刹海湖面冰封，成了京城百姓滑冰的乐园。明代吴惟英的诗句"不是路从银汉转，也疑人自玉壶来"[①]，描绘出了一番别样的趣味。

　　除了不同季节的神韵，三片水泊还各有特色。前海位于什刹海最南端，自明朝时景色就十分优美，夏季池中荷花繁茂，大片的荷花开满池沼，飘来阵阵清香（图 2-40）。清代李静山在其《北京竹枝词》诗中写道："柳塘莲蒲路迢迢，小憩浑然溽暑消。十里藕花香不断，晚风吹过步粮桥。"[⑤] 湖中荷花遍布，湖岸柳树众多，初春之际柳树绽苞新芽，春季微风轻拂水面，环海的垂柳婀娜轻舞，即为著名的"西涯八景"之"柳堤春晓"。

　　① 刘侗，于奕正 . 帝京景物略：太学石鼓卷一［M］. 北京：北京古籍出版社，1983.
　　② 李贤 . 大明一统志：卷一［M］. 西安：三秦出版社，1990.
　　③ 朱一新，张爵 . 京师坊巷志稿：卷三［M］. 北京：北京出版社，2018.
　　④ 法式善 . 存素堂诗二集：卷一［M］. 清嘉庆十一年王墉刻本，上海图书馆藏 .
　　⑤ 富察敦崇 . 燕京岁时记［M］. 北京：北京古籍出版社，1961.

图 2-39 什刹海初春

图 2-40 前海荷花

后海在前海以西，湖中稻池纵横，岸边树木繁茂，周边名园故居、古刹林立，常年梵呗钟声不断。《天咫偶闻》载："自地安门桥以西，皆水局也。东南为十刹海，又西为后海。过德胜门而西为积水潭……若后海则较前海为幽僻，人迹罕至，水势亦宽。树木丛杂，坡陀蜿蜒。两岸多名寺，多名园，多骚人遗迹。"[1]（图 2-41）

———————————

① 震钧. 天咫偶闻：卷四 [M]. 北京：北京古籍出版社，1982.

图 2-41　西海景色

后海西侧为西海，这里层石成屏，莽草曲径，古木参天，湖中芦苇繁茂。《燕都游览志》中曾描述西海："绿柳映阪，缥萍漾波，黍稷粳稻。"① 西海周边多是灰墙素瓦的普通百姓宅院，环境较前海和后海朴素静雅。

什刹海可谓"人文故地"。"仁者乐山，智者乐水"，对山水景色的热爱，是中国古代文人墨客的一种情结。有多少风物胜迹，便有多少诗词歌赋。风光秀丽的什刹海，宛如江南水乡，自然也少不了文人士者的光顾。自元代起，环境优美的什刹海就成了名流会集之处，富商权贵眷顾之所，时有文人诸如赵孟𫖯、施耐庵、关汉卿等前来游玩。

元灭明兴，什刹海樯橹连云的景象烟消云散，成为一片宁静的水泊。闲暇之时，明代京城文人多会在此谈经论道、结社赋诗。文渊阁大学士李东阳、米万钟及诗人三兄弟袁崇道、袁中道、袁宏道等，都对什刹海青睐有加。文人之中最为知名的是久居什刹海的明代大学士李东阳，他描写什刹海的诗词达十多首。什刹海周边还建有许多供文人墨客游玩赏景的亭社，如供清赏的古墨斋、供游水集会的莲花社、供美食的虾菜亭……优美的环境同样受到官宦贵族的青睐，明代时什刹海周边建有较多的府邸花园，如漫园、镜园、定园、定国徐公别业（太师圃）等（图 2-42）。

由明到清，什刹海风光依旧，仍是重要的文人活动中心，如清朝著名文人纳兰性德、朱彝尊、陈维崧、曾朴、陆润庠等都曾到此游览。其中纳兰性德的宅院就位于后海北沿（今宋庆龄故居），宅名为"渌水院"。纳兰性德为人侠义，交友"皆一时俊异"，他时常邀请好友在渌水院结社，饮酒唱和，渌水院也因文人云集而闻名于当世。除渌水

---

① 于敏中. 日下旧闻考：卷五十四 ［M］. 北京：北京古籍出版社，1981.

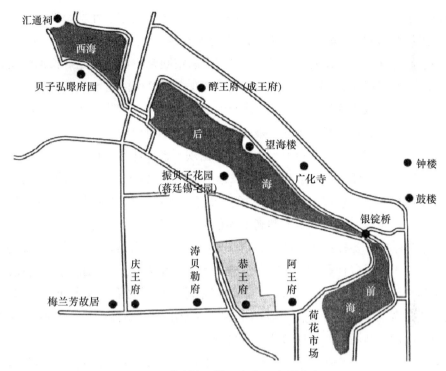

图 2-42　什刹海区域可考名园古刹分布图

院外，什刹海还有一处与之齐名的文人会馆——会贤堂。会贤堂原为清光绪时礼部侍郎斌儒的私第，后来渐成文人雅士聚集之地，座中多为王公贵族、上层名士。辛亥革命时，摄政王载沣曾在此讨论"军国大事"。"五四"运动时，陆逊、梁启超、王国维、胡适等常来此聚会，共商民族兴衰。而京城大多数名伶，如梅兰芳、王瑶卿、荀慧生、侯喜瑞等都曾在此演出过。

　　这一时期湖岸周边的院落也有新的变化，明代名园宅邸逐渐被清朝的新贵王府所取代，涌现出了一批新的府第，如恭王府、醇亲王府、罗王府、涛贝勒府等，知名的官宦居所有尹继善的晚香园、张之洞的可园、宋小濂的止园、麟文瑞的府邸等。从民国至中华人民共和国成立初期，新人、新居、新物不断在什刹海周边涌现：宋庆龄故居、郭沫若故居、梅兰芳故居、吴冠中宅院、张伯驹故居……无数文人也在这里留下了足迹，如冯友兰、张岱年、杨沫、田间、张恒寿、老舍……

　　什刹海可谓"民俗中心"。什刹海不仅受文人的喜爱，更是一个京城百姓都爱游逛的场所。漫步于什刹海湖岸，不仅会惊羡于其优美的湖光水色，倾心于其深厚的人文氛围，更会陶醉于其浓郁的"民俗味"：荷花市场、烤肉季、孔乙己、后门灯市、九门小吃……侯仁之先生在《什刹海记》中亦盛赞这里是"富有人民性的市井宝地"。

　　刘秉忠在规划大都城时，将什刹海置于皇城北侧，按照《考工记》都城规划的原则："匠人营国，方九里，旁三门，国中九经九纬，经涂九轨，左祖右社，前朝后市"[①]，

────────────

　　① 周公旦. 周礼·考工记 [M]. 上海：中华书局，1912.

什刹海正处于"市"的位置，这就从城市的功能布局上，确定了什刹海作为市井之地的基调。通惠河开通后，什刹海成为重要的货物集散地，岸边商贾云集、茶馆酒楼林立。各种民俗活动遍地开花，如元曲、百戏，"若夫歌馆吹台，侯园相苑，长袖轻裙，危弦急管"；又云"复有降蛇搏虎之技，扰象藏马之戏，驱鬼役神之术，谈天论地之艺，皆能以蛊人之心而荡人之魂"，指的就是什刹海的百戏活动①。明代时，什刹海的静谧代替了元时的喧嚣，商铺、酒楼慢慢也被庙宇、府宅、别墅取代。

至清代，什刹海民俗活动渐渐复苏，沿岸出现了各种地方风味的茶点小吃、饭馆酒肆、民间游艺和百货摊贩②，地区活动越来越平民化、大众化。清朝末期，前海西侧河堤上出现了著名的市井集市——荷花市场。每至夏季荷花盛开时，堤上便聚集很多摊贩，人头攒动，叫卖不绝。集市上摆满了各色物品：日常百货、古玩字画、手工艺品以及各色的京味小吃；各种民俗表演：曲艺、杂耍、说书、唱鼓等应有尽有。市场上熙熙攘攘，文人雅士、仕宦官家、平头布衣混迹其间，乐此不疲。《天咫偶闻》记述："都人游踪，多集于什刹海，以其去市最近，故裙屐争趋。长夏夕阳，火伞初敛。柳阴水曲，团扇风前。几席纵横，茶瓜狼藉。玻璃十顷，卷卷溶溶。菡萏一枝，飘香冉冉。"③ 描绘出一幅热闹的市井画面，这种情境一直延续到民国初期。

什刹海是一处雅俗共赏的乐园，它具有颐和园、太液池一样的秀色，但与这些皇家苑囿相比，什刹海的美更素雅。这里既有官宦希求的理想居所，也有文人追寻的精神寄托，还有市井布衣寻求的世俗快乐。

历史上的人事物虽已灰飞烟灭，但名胜景色、名园府邸、梵刹古寺、文人墨客、码头集市……却已深深印刻在什刹海的一砖一瓦、一花一木之上，融入什刹海亦雅亦俗的气息之中。

---

① 萨兆沩. 留驻什刹海地区古都风韵 [J]. 北京观察，2004（2）：49-52.

② 杨大洋. 北京什刹海金丝套历史街区空间研究 [D]. 北京：北京建筑工程学院，2012.

③ 震钧. 天咫偶闻：卷三 [M]. 北京：北京古籍出版社，1982.

五朝猎场

在中华文化几千年的发展演变过程中，狩猎文化一直是古代文化的重要组成部分。原始社会时期，人类群居在山洞里，以采集植物果实、根茎为食物，以集体狩猎来维持生活。直到4000多年前，黄帝出现后，他提倡种植五谷、驯养牲畜，狩猎作为一种生产活动的地位有所削弱，逐渐有了新的含义，如练兵、娱乐、选拔人才等。自辽至明清，五个朝代政权中有四个是游牧民族，巡行狩猎一直是这些游牧民族的传统。辽代时有春季狩猎制度，称为"春捺钵"；元代时有"柳林春猎"的习俗；至清代，八旗贵族子弟每年都要在承德"木兰围场"举行声势浩大的狩猎活动，称为"木兰秋狝"。

一般而言，古代皇家狩猎都有专门的猎场，如清代皇家猎场有木兰围场、南海子等，其中南海子湿地是离京城最近的一块猎场。因其面积广袤、植被繁茂、生物多样，一直是北京地区巡行狩猎和训练兵马的重要场所，被誉为"五朝猎场"。

南海子位于今大兴区和丰台区，从古代永定河的变迁情况看，这片区域是永定河的故道遗存。丰沛的永定河曾流经于此，故道河水、雨水和泉水汇集形成一个巨大的水泊，因水泊位于京城南部，与城内的六海遥相呼应，故称"南海子"（图2-43）。南海子曾是北京历史上最大的湿地，《大明一统志》中记载："其水四时不竭，汪洋若海。"① 另外《日下旧闻考》记载："元明以来南海子，周环一百六十里。"② 比起今天的四环，面积还要大出许多，亦庄、旧宫、大红门、南苑、西红门、黄村等都属于这片湿地范围内。如今在朝阳、通州等地还留存多处以"海户屯"命名的村镇，足以显示出当年南海子范围之大。

因地势低洼，泉源密集，加之凉水河、小龙河、凤河等诸多河流又流经这里，因此南海子形成了清泉四溢、池沼遍布的水乡景观。史载清乾隆时期，南海子内有桥72座；有"海子""泡子"25处，如头海子、二海子、三海子、四海子、五海子、小海子和苇塘泡子、眼镜泡子，等等；有"水泉七十二处"②，后来进一步查实，共有泉眼117处，其中一亩泉所在的北部区域23处，团泊所在的南部区域94处（图2-44）。

优越的自然环境，为生物提供了理想的栖息条件，使得这一带植被繁茂，野生动物众多。池沼之中水草茂盛，鱼虾游潜，禽鸟翔集；草木丛中，狐、兔出没，獐、鹿成群；树丛茂密、郁郁葱葱，各种树木、奇珍异草遍地皆是。这种区域辽阔、植被繁茂的湿地环境十分适宜打猎游娱，因此这片湿地自然成为皇家巡行狩猎、训练兵马的理想之地。

---

① 李贤. 大明一统志：地理类二 [M]. 西安：三秦出版社，1990.

② 于敏中. 日下旧闻考：卷七十五 [M]. 北京：北京古籍出版社，1981.

图 2-43　南海子

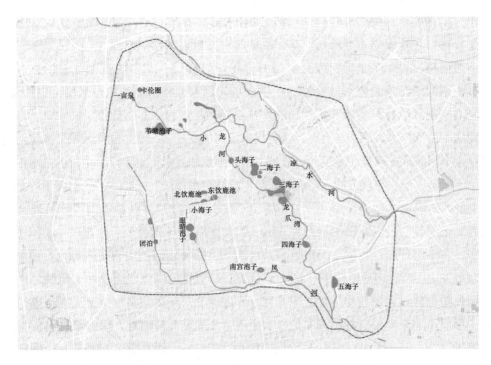

图 2-44　清代南苑水系景观分布图

南海子作为狩猎场所的历史，最早可以追溯到辽代。辽代是游牧民族契丹族建立的政权，盛行"四时捺钵"文化，即四季渔猎活动。后晋皇帝石敬瑭把燕云十六州割让给辽国后，南海子和京东延芳淀就成为辽国贵族重要的捺钵之地。《辽史》中有记载"戊子，阅骑兵于南郊"①，南郊即现在的南海子地区。金代时，金统治者也在这里渔猎和骑射，修建行宫。据《金史》记载，"大兴有建春宫""承安元年二月，幸都南行宫春水"②。后

---

① 托克托. 辽史：卷四本纪第四·太宗下 [M]. 北京：商务印书馆，2013.
② 托克托. 金史：本纪第十 [M]. 北京：中华书局，1975.

来十分重视骑射的大蒙古国人，也选中湖泊沼泽遍布的南海子作为狩猎场，将南海子命名为"下马飞放泊"，其中"飞放"是指"纵鹰隼搏击"的活动。《日下旧闻考》记载："下马飞放泊在大兴县正南，广四十顷，北城店飞放泊、黄埃店飞放泊俱广三十顷。"[①]为方便渔猎，元代在飞放泊中修筑了许多晾鹰台，以供鹰隼小憩、晾干羽毛。这些晾鹰台遗留至明清两代，成为皇家贵族操练士兵、看护牲畜以及观赏狩猎之地。《日下旧闻考》载："台高六丈，径十九丈有奇，周径百二十七丈。"[①]相似的围台在南海子地区多达16座。

明清时，南海子仍作为皇家重要的狩猎之地，明代朱棣迁都北京后，将猎场面积扩大了近10倍，并在其中修建了行宫、庙宇和24园，养育禽兽，种植果蔬，供皇帝和官僚贵族打猎享乐。明代时还环绕南海子建起围墙，围墙长60多千米，四周辟门：东红门、南红门、西红门和北红门，其中西红门便是现在地铁四号线上的西红门站点。

清代时不仅将南海子作为皇家射猎游幸之处，也作为皇家操练阅兵的重要场所。为了方便猎游、阅兵，清代皇帝在南海子大兴土木、修建行宫祠庙，乾隆年间对南苑进行了最大规模的修缮。首先将土质围墙改为砖砌城墙，并在原有四门基础上增加了小红门、黄村门、镇国寺门、双桥门和回城门5个大门，同时在原有行宫的基础上又增建了旧宫、新宫、南宫及团河宫四座行宫和八大寺庙，其中团河行宫占地400余亩，费时5年完工，行宫分为东湖、西湖两大景区，亭台楼榭错落有致，四季美景，变幻多彩，是南苑地区最为豪华的行宫（图2-45）。

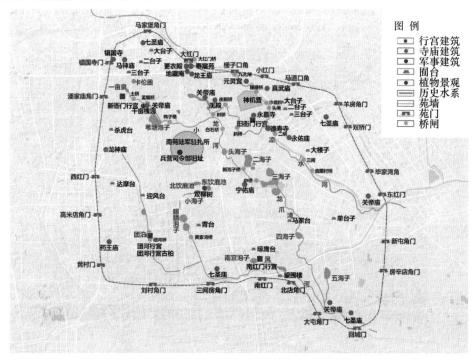

图2-45　清代南苑主要构成要素地理位置分布图

①　于敏中．日下旧闻考：卷七十五［M］．北京：北京古籍出版社，1981．

康熙皇帝在位61年，来南海子（南苑）55次。乾隆皇帝甚至规定，皇子皇孙在每年春季都必须到南海子进行长达月余的行猎活动。除了围猎，清代还会在此举行大阅之典，前后阅兵活动20余次。

南海子地区面积极大，地处郊外、幽静闲适，除游猎外，还常被用作皇室讲经育才之所。南苑四座行宫内均有御书房，皇子皇孙们依例每年都要在这里学习一个月。除此之外，为防宫中起火，每年元宵节在此观放烟火；清帝谒陵后也习惯在南苑驻跸两宿……

北京最大的湿地、五朝猎场、星罗棋布的行宫和寺庙、燕京风景胜地……历史赋予南海子众多的使命，却逃不过盛极必衰的定律。清朝末年，永定河决堤，洪水冲垮了南苑大部分城墙，苑内一片汪洋，珍禽异兽散失。清光绪二十六年，八国联军进入北京，在南苑烧杀抢掠，大量宫殿建筑被毁。其后清政府为偿还战争赔款，将南海子招标开垦，官僚、军阀、巨商纷纷在此置地建园，流民在此开荒辟地，许多私人庄园与自然村落也由此形成。此后，拆解围墙、盗取城砖、烧砖取土等各种破坏活动不止。1949年前夕，绵延60千米的海子墙园已荡然无存，只留下一座（北）大红门，历经几千年的天然湿地逐渐消失。

萧瑟秋风今又是，换了人间。曾经的华丽行宫、凶猛飞鹰以及奇花异草均已不见踪迹，只剩下一些熟悉而又陌生的地名，如南苑、东高地、角门、镇国寺、大红门、小红门、海户屯等。2010年，北京城市总体规划大幕拉开，南海子新园围绕"生态文化"主题开始复建。园区占地面积8平方千米，相当于4个颐和园大小，但仍不及原南海子面积的十分之一（图2-46）。园内结合中华传统文化，分为麋鹿保护区、水源保护区、生态中心区和外围过渡区五大区域，曾经辉煌的南海子又重现生机。

图2-46　南海子公园

（本篇撰稿人：宿玉）

"别港"禅院

紫竹院位于海淀区白石桥附近，是一座以水景为主、竹景取胜的园林公园。每至盛夏，这里树木翁郁、竹林繁茂、环境清幽，行走在翠竹簇拥的小径上，颇有一番"绿竹入幽径，青萝拂行衣"的诗情画意。

紫竹院历史悠久，院内水泊与什刹海、玉渊潭一样，都是北京著名的水泊遗迹。文献记载，辽金之前的紫竹院曾是一片低洼的湿地，泉水平地翻涌、水草丰美，古高梁河最初在这里发源。《水经注》记载高梁水："出蓟城西北平地泉，东注，经燕王陵北又东经蓟城北，又东南流。"[①] 其中"蓟城西北平地泉"指的就是紫竹院。

金代时，高梁河的源头被改到了玉泉山。高梁河由此以玉泉山周边水泊为起点，中游经过紫竹院。元代科学家郭守敬主持开凿了白浮—瓮山引水渠，在高梁河上修筑了多处水闸，其中头闸广源闸就位于紫竹院水泊北侧（图 2-47）。由于广源闸只能开闭放水，无法通船，船只到此后只能停岸换船。因为紫竹院毗邻广源闸，水泊较深，因此就成了设坞藏舟、过闸换船的理想之所。相传元代英宗、文宗在位期间，喜泛舟游西郊，行至广源闸时要停靠换船，朝廷专门修建了"广源闸别港"，并调遣三百卫士在高梁河边为皇帝挽舟。《析津志辑佚》记载："肃清门外广源闸别港，有英宗、文宗二帝龙舟。"[②] 皇帝劳民伤财的举动引起了大臣盖苗的不满，《元史·盖苗传》载："文宗幸护国仁王寺，遂泛舟玉泉，盖苗进曰：'今频年不登，边隅未靖，正当恐惧修省，何暇逸游以临不测之渊乎。'帝嘉纳之，赐以对衣上尊，即日还宫。"[③] 这一事件后来成为一段尽忠直谏的佳话。

到了明代，紫竹院水泊萎缩成湿地，朝廷命人在广源闸下游另开河口，在紫竹院开凿了一条月牙状的河道绕过广源闸，在闸桥上游再汇入高梁河。这样帝后乘龙舟游览西郊时，广源闸开闸放水，下游河道充盈，龙船从广源闸下游河口驶进别港，经紫竹院月牙河，至广源闸上游河口，驶入高梁河。《长安客话》记载："出真觉寺（五塔寺）循河五里，玉虹偃卧，界以朱栏，为广源闸，俗称豆腐闸、引西湖水东注，深不盈尺。宸游则瀦水满河，可行龙舟。绿溪杂植槐柳，合抱交柯，云覆溪上，为龙舟驻处。"[④] 河汊和高梁河将紫竹院合围成一片河滩，地势平坦、草木繁茂，后来朝廷在此建置了多处寺庙，其中最重要的两处为慈寿寺下院和双林寺（图 2-48）。

---

① 郦道元. 水经注：卷十三·㶟水 ［M］. 北京：中华书局，2009.
② 熊梦祥. 析津志辑佚 ［M］. 北京：北京古籍出版社，1983.
③ 宋濂. 元史：列传第七十二 ［M］. 北京：中华书局，2016.
④ 蒋一葵. 长安客话 ［M］. 北京：北京古籍出版社，1982.

图 2-47　广源闸遗迹

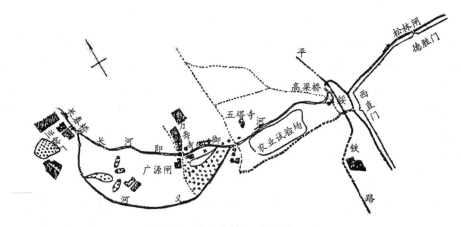

图 2-48　明代南长河"别港"示意图

　　慈寿寺下院由神宗皇帝的母亲慈圣皇太后李氏敕令修建，慈圣太后是一位虔诚的佛教徒，明神宗在位期间，她在宫内外先后建筑了25座寺庙。万历五年，皇城东北角的汉经厂因年久失修，不再适合存放经书，慈圣太后于是出资，命司礼监秉笔太监冯保在京西选址，建造了万寿寺。冯保将寺址选在了广源闸的东侧，并以高粱河为界将之分为南北两院，共占地9顷70亩（约0.65平方千米），是京西最大的皇家寺庙，南院即建在紫竹院的河滩上。负责监工的太监冯保也非常喜爱紫竹院清幽的环境，想在此安度晚年，所以他在督建万寿寺的同时，在紫竹院南院东南也建了一座寺庙，修建墓地，并以自己的名号"双林"命名为双林寺①（图2-49）。但他没能如愿，最终被贬南京，客死他乡，双林寺归为皇家所有。《宸垣识略》中记载："双林寺，明万历初，大珰冯保营葬

　　① 王铭珍．北京紫竹院公园双林寺遗迹［J］．佛教文化：北京，2004（3）：58-59．

地，造寺曰双林。双林，冯之别字也。后西竺南印度僧足克戬古尔居之，赐名西域双林寺。"[1] 此外，与紫竹院双林寺有渊源的还有一位著名诗人——纳兰性德。纳兰性德与其妻卢氏伉俪情深，他 23 岁时，卢氏去世，曾暂厝双林寺，他在双林寺守灵，悲痛难已，写下了《望江南·宿双林禅院有感》："挑灯坐，坐久忆年时。薄雾笼花娇欲泣，夜深微月下杨枝。催道太眠迟。憔悴去，此恨有谁知。天上人间俱怅望，经声佛火两凄迷。未梦已先疑。"[2] 后来纳兰性德再游紫竹院时，触景伤怀，又写下了《寻芳草·萧寺记梦》《青衫湿·悼亡》等悼词。

图 2-49　双林寺塔遗址

　　紫竹院幽静的环境也为清代帝王所青睐。乾隆皇帝在位期间，在海淀西郊修筑了众多园林宫殿，皇室帝后都喜欢在西郊园林避暑、处理朝政，每次乘船前往西郊时，都要到紫竹院休憩换船（图 2-50）。清乾隆十六年至二十六年（1751—1761 年）时，乾隆皇帝母亲崇庆太后六旬、七旬大寿，皇太后喜欢江南风光，为迎合其母的愿望，乾隆皇帝下令在高梁河北岸，仿江南式样建造一条南北向的苏州街。紫竹院芳草萋萋、水草茂盛，他便命人仿照苏州城朝天桥港汊"芦苇水乡"的风光，在紫竹院河滩上垒砌太湖石，遍种芦苇，取名芦花渡，俗称"小苏州芦花荡"。在建芦花荡时，所栽植的芦苇皆移自江南，名为"马尾兼"，北京俗称为"江南铁竿狄"。每至霜降过后，芦苇秆呈现紫黑色，乘船在高梁河上放眼望去，整个河滩犹如一片茂密的紫竹林，紫竹院的地名由此而来。因为乾隆母亲喜供南海观音，观音菩萨居于南海紫竹林，乾隆皇帝便命人将明代万寿寺下院改建为一处禅院，取名为"紫竹禅院"，并在西侧修建行宫，与禅院统称为"福荫紫竹院"。

① 吴长元. 宸垣识略［M］. 北京：北京古籍出版社，1983.
② 杨雨. 纳兰性德诗词［M］. 北京：中华书局，2014.

图 2-50　紫竹院内的长河

　　新修整的禅院小巧精致，建筑布局为二进院落，包括天王殿（山门殿）、伽蓝殿、祖师殿、大雄宝殿等八个殿堂（图 2-51）。行宫面积较大，宫殿仿照"康熙三十六景"中的"烟波致爽楼"形制，包括报恩楼、前殿、东西妃子房、游廊等建筑，行宫外还有三处湖泡、四座平桥、两座码头和一座船坞。行宫和禅院建成后，乾隆帝和崇庆太后常在此游龙舟、赏水景、礼佛。后来慈禧乘船前往颐和园时，每次也都要在紫竹院经停休憩，她很喜爱紫竹院宁静清幽的环境，曾自比南海观音菩萨，在紫竹院拍摄过一张照片：以竹林为背景，慈禧左手捧净水瓶，右手执念珠，着团花纹清装，头戴毗罗帽，然后李莲英扮韦驮尊天，两宫女扮侍者。1900 年八国联军洗劫紫竹院，焚毁了双林寺。清帝逊位后，皇室败落，曾将"福荫紫竹院"数度出租。

图 2-51　紫竹禅院

　　如今紫竹院静谧清幽，竹影婆娑，湖光闪映，院内三湖两岛，掇石嶙峋，点缀其间，亭、廊、轩、馆错落有致，举目如画，草木欣然（图 2-52、图 2-53）。河湾沿岸尚存残石、塔基，依稀展现着当年别港泊船的景象和双林寺塔刹高耸的场景；古朴的禅院行宫、蜿蜒的高梁河处处透着沧桑古老的气息，无言地向人们诉说着这座园林四百余年的历史。

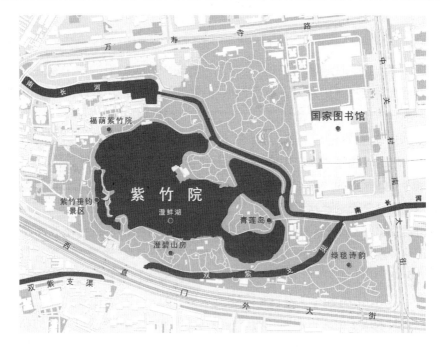

图 2-52　紫竹院水系示意图

图 2-53　紫竹院的清幽环境

四朝帝苑

　　1259年8月11日，大蒙古国大汗蒙哥在攻打南宋钓鱼城时，被宋军发射的炮石击中，重伤而亡。消息迅速传遍大蒙古国的各个部落，一时群龙无首，帝国内部暗流涌动。忽必烈于当年冬季从南方战场返回大本营开平城继承汗位，途中来到了燕京城，驻跸燕郊。《元史·世祖本纪》记载："是冬，驻燕京近郊。"继承帝位后，忽必烈怀着统一中元消灭南宋的壮志雄心，于1260年12月再次来到燕京，"驻跸燕京近郊"[①]。据很多历史学家考证，这里的"燕京近郊"是金代的太宁宫，即今天的北海琼华岛一带。为什么忽必烈两次驻跸都选择这里呢？

　　其缘由需要追溯到金代，1153年金海陵王改燕京为中都，在莲花池畔建立了规模宏大的中都城，在城内建置宫殿苑囿。此时都城东北有一片广袤天然水域，包括今天的什刹海、北海和中海，时称"白莲潭"。1179年金世宗依托这片辽阔的水泊，建成了一座离宫"太宁宫"，后改名为宁寿宫、寿安宫、万宁宫[②]。太宁宫大致位于今北海和中海水域，营建时采用了中国古典园林的"一池三山"布局，用疏挖白莲潭的湖泥堆筑成了三个小岛：琼华岛、瑶光台和中海的小岛，其中琼华岛和瑶光台即今北海的琼华岛和团城（图2-54）。琼华岛是太宁宫园林的主要造景，其上建有广寒殿，岛上遍植松柏，假山奇石堆叠，据说这些奇石都是金人从北宋汴梁城的艮岳园掠夺而来。《南村辍耕录》载："其山皆以玲珑石叠垒。峰峦隐映，松桧隆郁，秀若天成。"[③] 瑶光台上有瑶光楼，东西两侧有桥与湖岸相连。除此之外太宁宫内还有薰风殿、临水殿和紫宸殿，这些宫殿岛屿，连同碧波荡漾的水泊、郁郁葱葱的树木、映日连天的荷花交相辉映，构成了一片规模庞大、清幽秀丽的离宫别苑，成为金世宗、金章宗最喜爱的游幸驻跸、消夏避暑之所。金代诗人赵秉文随侍皇帝驻跸太宁宫时，深深为这里的景色折服，写下了一首赞美太宁宫的诗篇《扈跸万宁宫》："一声清跸九天开，白日雷霆引仗来。花萼夹城通禁御，曲江两岸尽楼台。"

　　但太宁宫建成不足百年，朝代更迭，这片宫苑也换了主人。金朝末年，大蒙古国势力逐渐强盛，多次派兵南下侵扰金国，1214年7月成吉思汗发兵进围金中都，在近一年的围困中，金中都瓦舍残垣，1215年5月都城被攻陷，大蒙古国骑兵长期压抑的怨恨和愤怒化作一团烈火，将辉煌壮丽的金中都宫殿化为灰烬。而地处都城东北的太宁

---

　　① 宋濂. 元史·世祖本纪［M］. 北京：中华书局，2016.
　　② 托克托. 金史：卷二十四［M］. 北京：中华书局，1975.
　　③ 陶宗仪. 南村辍耕录［M］. 北京：中华书局，1959.

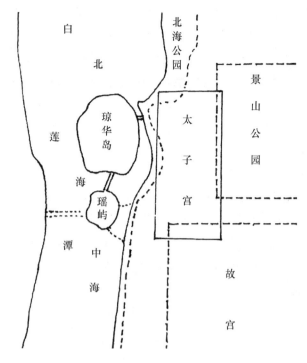

图 2-54　金中都太宁宫示意图

宫，虽然也遭受了一定的破坏，但还是较为完整地保留了下来。40 多年后，当成吉思汗的孙子忽必烈途经这片故地时，金中都宫阙已是残垣断壁、草木幽深，因此他不得不选择太宁宫作为自己的驻跸之地。

这位土生土长于草原的大蒙古国首领，非常喜爱这处水草肥美之地，但此时他还无暇顾及这片水域的谋划，因为他与阿里不哥的汗位之争还没结束。经过长达五年的战争，1264 年正月阿里不哥遣使乞降。阿里不哥归降后，同年八月，忽必烈下诏改燕京为中都，作为上都开平的陪都。为什么忽必烈这么看重燕京呢？这不仅是因为忽必烈多次驻跸这里，还因为早在继位之前，就有人向他说明燕京的重要性。《元史：卷一一九》记载霸突鲁建言元世祖："幽燕之地，龙盘虎踞，形势雄伟，南控江淮，北连朔漠。且天子必居中以受四方朝觐。大王果欲经营天下，驻跸之地，非燕不可。"世祖怃然曰"非卿言，我几失之"[①]。1267 年忽必烈决定迁都中都，并派中书省官员刘秉忠总负责都城营建，阿拉伯人也黑迭儿负责宫殿设计、郭守敬负责水利规划。

由于金中都城宫阙已成一片废墟，且原中都水源——莲花池水量不足，难以满足一个大都城的需要，刘秉忠在规划大都城时，做了一个大胆的规划，将白莲潭整个圈入了城内，并以其为中心规划大都城，确定了都城的中心、城墙和中轴线，这与大蒙古国人喜欢逐水草而居的生活习性相符合，开创了中国都城规划的一个壮举。也许是受忽必烈的嘱托，刘秉忠在规划大都城时，将白莲潭水泊一分为二，并以城墙隔开。将忽必烈驻

①　宋濂．元史：卷一一九［M］．北京：中华书局，2016．

跸的琼华岛及其周边水域圈入了皇城之内，称为"太液池"，即今天的北海和中海，皇城外的水泊则称为"积水潭"，即今天的什刹海。围绕太液池，在水泊东岸营建大内，作为皇帝行政办公和帝后生活起居之地，在水泊西岸营建东宫，作为皇太子和太子妃居所，后改称隆福宫。元武宗时期，在隆福宫北侧又建造了一座兴圣宫，作为其母皇太后的寝宫。隆福宫和兴圣宫通过瑶光台及两侧的桥梁（今北海大桥的前身）将大内连接在一起，形成了三宫鼎立的格局，成为大都城布局的核心[1]（图 2-55）。由于太液池与积水潭之间被皇城墙隔断，为给太液池供水，元代时专门开凿了一条水渠，引玉泉山水，自义和门入城后，蜿蜒南转至皇城，史称金水河。因为这条河道专门给皇城供水，为了不与其他河道交汇，河道采用了跨河跳槽的办法，穿越其他河道时，以立交石渠横跨而过。《元史·河渠一》载"金水河所经运石大河及高良河、西河俱有跨河跳槽[2]。金水河流入皇城后，自北端流入太液池，据故宫学者李纬文考证，还有一个支系从太液池北端南引，并分成三支，分别为御苑、大内和琼华岛供水[3]。

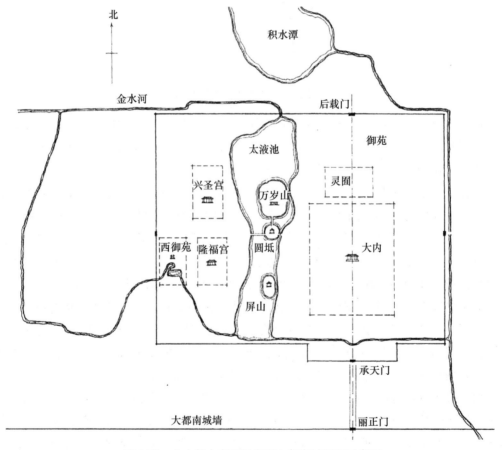

图 2-55　金中都太宁宫示意图大都皇城平面示意图

---

① 侯仁之 . 北京城的生命印记［M］. 北京：生活·读书·新知三联书店，2009.

② 宋濂 . 元史·河渠一［M］. 北京：中华书局，2016.

③ 李纬文 . 隐没的皇城［M］. 北京：文化艺术出版社，2022.

在营建大都的同时，忽必烈对于太宁宫的修建并没有停止，他派人多次修茸和扩建琼华岛，在山上建寝宫，作为朝觐接见之所。据《元史·世祖本纪》记载：至元元年（1264 年）重修琼华岛，至元二年（1265 年）做成渎山大玉海，置于山顶广寒殿，至元八年（1271 年）琼华岛赐名万寿山（万岁山），至元十年（1273 年）忽必烈亲临广寒殿册封太子[1]，这些重要事件说明了琼华岛在元代宫苑中的重要地位[2]。修缮琼华岛时，元代在山上叠山垒石，遍植松柏，并用古代水力装置，汲取山下金水河水至山顶，做成了一个人工喷泉，从石龙口出水注入方池，一时青山溪水、假山叠翠。此外元代还将琼华岛南侧的瑶光台改名"圆坻"，亦称"瀛洲"，将中海的小岛改名"犀山"。圆坻上建仪天殿。东、西架桥连接太液池两岸，北面架桥通往万岁山。《南村辍耕录》记载："其山皆以玲珑石叠垒。峰峦隐映，松桧隆郁，秀若天成……山前白玉石桥长二百尺，直仪天殿右，殿在太液池中圆坻上，十一楹，正对万岁山。"[3]

人事代谢，政权更迭。元末政治腐败，农民起义愈演愈烈。1368 年朱元璋派徐达北伐，起义军势如破竹，八月庚午攻入大都城，大都改北平。由于残元势力并未肃清，朱元璋派他最为勇猛的四子朱棣驻守北平，是为燕王。燕王的府邸就在元大都皇城内，但具体在什么位置，众说纷纭，一种观点认为就在元代隆福宫，另一种观点则认为在元代大内。但有一点可以确信的是，朱棣营建紫禁城时，曾利用元代的隆福宫改建西宫，作为临时性的过渡宫殿[4]。西宫规模庞大。其正殿为奉天殿，殿之南有奉天门、午门、承天门，"凡为屋千六百三十余楹"[5]，俨然是一座微缩版的紫禁城。明初，除营建西宫和修茸琼华岛外，整个太液池并未大兴土木，但其景色优美、环境清幽，是明初皇帝狩猎、休闲之地，因其位于紫禁城西侧，又称"西苑"。明英宗南宫复辟后，开始对太液池进行较大规模的扩建，包括挖掘南海，南海上堆起一座小岛，称为"南台"，即后来的瀛台，由此形成北海、中海、南海三海并立的格局。同时在圆坻上修建土筑高台团城，填平了团城、犀山台与太液池东岸之间的水面，弘治年间又将团城与西岸之间的木桥改为大型石拱桥，即后来的金鳌玉蝀桥（图 2-56）。嘉靖皇帝即位后，为这片苑囿再添波澜。他在位期间，重新修缮西宫，改称"仁寿宫"（后改为永寿宫），作为祭祀场所，围绕西宫设立了帝社稷、先蚕坛、无逸殿等农耕礼制场所[6]。

① 宋濂. 元史：世祖本纪 [M]. 北京：中华书局，2016.
② 马小淞. 乾隆时期西苑北海景境特征研究 [D]. 北京：北京林业大学，2022.
③ 陶宗仪. 南村辍耕录 [M]. 北京：中华书局，1959.
④ 陈平. 古都变迁说北京 [M]. 北京：华艺出版社，2013.
⑤ 张廷玉. 明史：志·卷四十四 [M]. 北京：中华书局，1974.
⑥ 李纬文. 隐没的皇城 [M]. 北京：文化艺术出版社，2022.

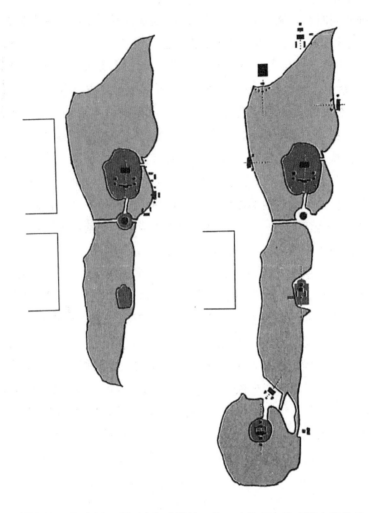

图 2-56 元（左）、明（右）太液池三海三山格局与地理概念的流转

此后，发生了震惊朝野的"宫婢之变"，劫后余生的嘉靖皇帝，逐渐厌倦朝政，长居西苑，在西苑大兴土木，修建诸多修道祭祀的殿阁，如大高玄殿、雩殿、万法宝殿等，大明朝权力中枢转移至西苑。此后几位皇帝陆续改建、增修，形成了较为完整的西苑园林格局，如南海南台上的趯台坡（今瀛台涵元殿）、昭和殿（今勤政殿）；中海犀山台上的崇智殿（今万善殿）、蕉园，西岸的紫光阁、先蚕坛，东岸的水云榭、乐成殿；北海团城上的承光殿（元仪天殿），北岸的五龙亭、太素殿、乾德殿、雩殿（今西天梵境），东岸的大高玄殿、凝和殿，西岸的迎翠殿、宝月亭等一众建筑皆修建于明代（图 2-57）。这一时期西苑面积较大，大型庭院楼阁较多，亭榭多沿湖岸散布，整体空间开敞，格局疏朗，树木蓊郁，兼具仙山琼阁意境和水乡田园野趣。但由于原太液池水源——元代金水河被废弃，太液池整体水量缩减，由什刹海直接给北海供水，再由北海给中海、南海供水，并由北海北闸和南海分别引两支系，流经太和广场和天安门前，即内外金水河。

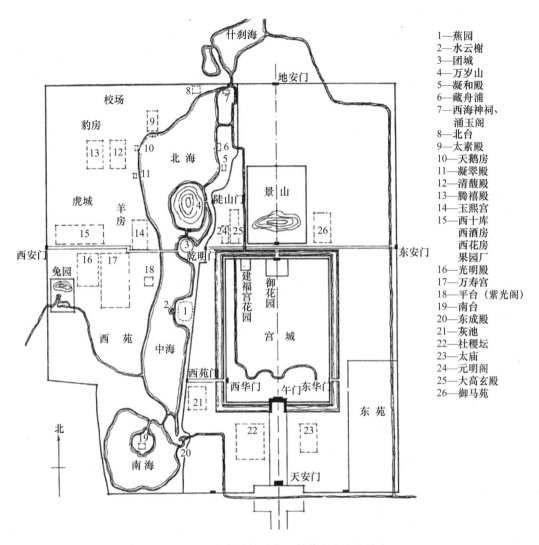

1—蕉园
2—水云榭
3—团城
4—万岁山
5—凝和殿
6—藏舟浦
7—西海神祠、
　涌玉阁
8—北台
9—太素殿
10—天鹅房
11—凝翠殿
12—清馥殿
13—腾禧殿
14—玉熙宫
15—西十库
　西酒房
　西花房
　果园厂
16—光明殿
17—万寿宫
18—平台（紫光阁）
19—南台
20—东成殿
21—灰池
22—社稷坛
23—太庙
24—元明阁
25—大高玄殿
26—御马苑

图 2-57　明北京皇城的西苑及其他大内御苑分布图

　　清军入关后，清代对于这片恢宏的园林非常珍视，对于西苑的经营极为"用心"，这不仅是因为清代帝王大多喜欢在园林理政，更多的是因为这一时期正值中国传统园林艺术发展的成熟和鼎盛时期，使得西苑的营建手法更加成熟、细腻。清代对于西苑的大规模营建主要有三次，分别在顺治年间、康熙年间和乾隆年间。1651年顺治皇帝邀请第六世巴周活佛入京弘法，活佛向皇帝建议在皇宫中建立一座佛塔，以保国家社稷永固。为此，顺治皇帝利用琼华岛上的广寒殿旧基（万历初年坍塌），修建了巨型喇嘛塔，并依塔建造寺院，称为白塔寺，即今天的永安寺，这座白塔后来成为了北海的象征。此后，康熙皇帝又对西苑进行了一定规模的营建，包括修建翔鸾阁、勤政殿、紫光阁、丰泽园等，其中勤政殿是康熙皇帝最喜欢的夏季听政地之一，此后逐渐成为西苑临朝理政的中心。

　　乾隆皇帝即位后，开始大规模改建西苑，包括新建万佛楼、小西天、静心斋、阐福寺、西天梵境、澄观堂、蚕坛、濠濮间、宝月楼，修缮涵元殿、紫光阁、丰泽园，并加筑宫墙①，营造了诸多园中有园、内外借景的空间，让西苑景物更加丰富，空间更富有层次，奠定了西苑的格局和规模。但由于乾隆年间，太液池周边的地段已多被衙署、府邸、民宅占用，西苑范围大大缩小，乾隆皇帝不得不在太液池沿线狭长的地带"施展天地"（图 2-58）。通过太液池的空间和格局来看，可见乾隆皇帝对这片园林营建之用心。西苑三海各有特色：北海以山水为主，湖面开阔，四周环绕着精致的亭阁庭院，如濠濮间、静心斋等，既有皇家园林的恢宏典雅，也有江南园林的宜人秀雅。中海以紫光阁、万善殿、千圣殿为主体，建筑疏朗、湖面辽阔、树木葱茏，颇具山水田园野趣。南海湖岸曲折多变，假山叠石与花木相映成趣，瀛台岛上涵元殿、翔鸾阁等建筑错落有致，风格细腻婉约，富有江南园林的韵味。全苑以太液池为中心，以一池三仙山为图景，琼华岛耸立于北，瀛台对峙于南，长桥卧波，状若垂虹。岛上山石和各种建筑物交相掩映，沿岸假山叠翠、树木蓊郁，亭台楼阁高低错落点缀其中。西苑旁边则是辉煌壮丽的紫禁城，广袤的水泊、洁白的白塔、蓊郁的景山、富丽堂皇的宫殿，交相辉映，共同构成了一个山林、水系和城市有机结合的整体，营造出"平地起蓬瀛，城市而林壑"的胜境，既承载着古人对于海上仙山理想境界的想象，也承载着中国人对山水田园诗意生活的美好向往，堪称中国乃至世界城市史上的奇迹。

这片园林不仅在艺术层面蕴含着丰富的意蕴，而且承载着中国波澜壮阔的历史，见证了中华民族的伟大复兴。1898 年慈禧太后将光绪皇帝囚禁于西苑瀛台，百日维新梦碎。1900 年庚子事变爆发，八国联军攻占北京，洗劫了西苑，并将联军司令部设立在西苑。辛亥革命后，袁世凯把总统府设在了中南海，将中南海改名为新华宫，将南海宝月楼改为新华门，作为中南海正门；海晏堂改为居仁堂，作为总统办公场所；仪鸾殿改为怀仁堂，作为开会议事场所。1925 年北海被辟为"北海公园"供民众游览休息。1929 年中南海被辟为公园，短暂向公众开放；1937 年北平沦陷，中南海被各种日伪机构占据；1945 年国民党政府在此设北平行辕；北平解放前夕，傅作义将华北"剿总"司令部设在中南海居仁堂②。几十年间，各种机构进进出出，中南海俨然成为一个"大杂院"，是旧社会动荡混乱的真实写照。1949 中华人民共和国成立，为中华大地带来了新的希望和生机，也让这座古老的园林结束了跌宕的历史，翻开了新篇章。北平和平解放后，中南海回到了人民手中，成为党中央和国务院办公地，1961 年北海公园被列为全国第一批重点文物保护单位。

---

① 王其亨，庄岳 . 清代乾隆朝《西苑太液池地盘图》考［J］. 文物，2003（8）：77-85.
② 董盼盼 .1949 年初接管中南海始末［J］. 炎黄春秋，2024（9）：76-78.

1—万佛楼
2—阐福寺
3—极乐世界
4—五龙亭
5—橙观堂
6—西天梵境
7—静清斋
8—先蚕堂
9—龙王庙
10—古柯亭
11—画舫斋
12—船坞
13—濠濮间
14—琼华岛
15—陡山门
16—团城
17—桑园门
18—乾明门
19—承光左门
20—承光右门
21—福华门
22—时应宫
23—武成殿
24—紫光阁
25—水云榭
26—千圣殿
27—内监学堂
28—万善殿
29—船坞
30—西苑门
31—春藕斋
32—崇雅殿
33—丰泽园
34—勤政殿
35—结秀亭
36—荷风蕙露亭
37—大园镜中
38—长春书屋
39—迎重亭
40—瀛台
41—涵元殿
42—补桐书屋
43—韧鱼亭
44—翔鸾阁
45—淑清院
46—日知阁
47—云绘楼
48—清音阁
49—船坞
50—同豫轩
51—镒古堂
52—宝月楼
53—金鳌玉蝀桥

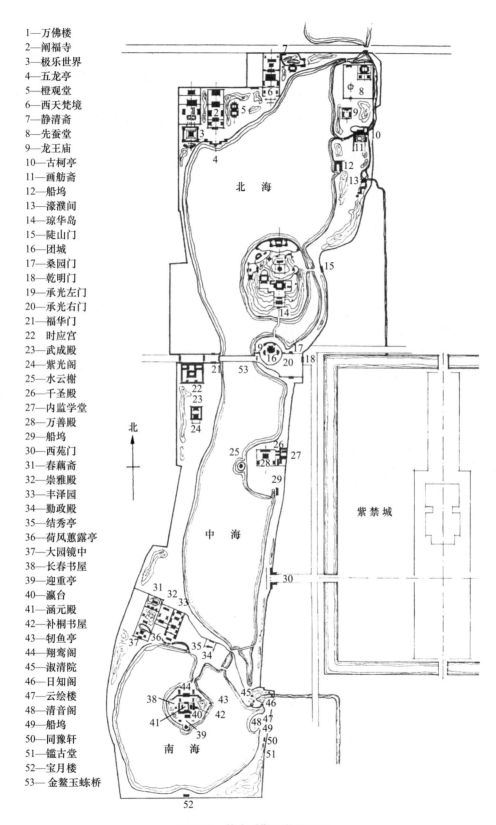

图 2-58 乾隆时期西苑平面图

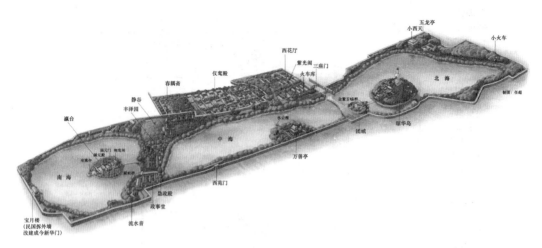

图 2-59　清代三海示意图

　　回顾往昔，历史的烟云已经散去。如今辽阔的北海、中海和南海宛如珍珠，静静地横亘在中轴线一侧，但散布其间的古迹却无时不在向世人讲述那段连绵不辍的历史。透过散落在瀛台的艮岳遗石、摆放在承光殿前的渎山大玉海、世宗斋醮玄修的建筑遗迹、乾隆手书的"太液秋风"碑、囚禁光绪皇帝的瀛台……依稀能够看到，金世宗修建太宁宫时的意气风发、忽必烈宴请群臣的慷慨豪迈、嘉靖皇帝炼丹修道时的执着痴迷、乾隆皇帝营建西苑时的意兴盎然，以及光绪皇帝囚禁瀛台时的悲凉无奈，这些历史的片段交织在一起，构成了西苑丰富而复杂的历史画卷，奠定了北京城的基本格局，见证了北京的恢宏历史，每一块遗石、每一座建筑、每一处庭院，都凝聚着艺术，承载着故事……

第三章
古桥往事

北京古桥

北京地处华北平原和太行山、燕山交接处，地势西北高、东南低。区域内有五大水系：潮白河水系、永定河水系、蓟运河水系、大清河水系和北运河水系。这些水系支流遍布北京平原，形成了密布的水网格局，北京先民在这片池沼水网上建筑城池的同时，也书写了北京桥梁的建筑史。

商周时期，莲花池畔的蓟城先后为古蓟国和古燕国的国都，彼时城内外河道散布，先民为交通便利，就开始搭建简单的木梁桥和浮桥。金代时，金以宋汴京为样板，在辽南京的基础上，建立中都城。同时大规模开发周边水系，引高梁河水入护城河，以今什刹海为源，开凿坝河和闸河，在河上建桥置闸。为方便永定河卢沟渡口的交通，金代还在永定河上修建了著名的卢沟桥，结束了永定河渡口无桥的历史，成就了一座闻名遐迩的古桥。

元朝建立后，在金中都东北处另建大都城，将今什刹海水泊圈入，四周建城墙、挖护城河，外城设城门11座，城门前皆置桥跨河。此外，元朝还开凿金水河入都城以供皇家御苑，并在金代旧河渠的基础上开坝河、通惠河，以通大都漕运，这些沟渠河道上也修建了较多桥梁。明代北京大规模建造皇宫，都城内外建置四重城墙，各层城墙外均有护城河，城门广架桥梁，因此北京现存的知名古桥多于明代修建（图3-1）。此外，明代时城区还有大小河渠几十条，湖泊池沼数十片，巷道街坊遇水架桥，数目达几百座。清代，城市格局继承于明代，并无较大的改动，但清代利用北京周边湖泊水淀，建筑了众多皇家园林。园林内中池沼遍布、水陌纵横。工匠们在园林中恰如其分地以桥通路、以桥造景，建造了数目众多、花样万千的园林小桥，这也使清代桥的数量和形制达到前所未有的高度。据《大清会典》载："都城内外大街凡十有六。坊二十有四。护城桥十有五，玉河桥十，水路大小桥梁共三百有七十。"[①] 这记录了清代北京城桥梁的基本数目。

众多桥梁散布在北京城内外的坊巷沟渠之上，按其分布区域和使用性质大体可分为4种：北京郊外的桥、皇城的桥、城内民用的桥、皇家园林中的桥。郊外的桥，如北京四大古桥：卢沟桥、八里桥、朝宗桥、琉璃河大桥（图3-2）。其中，卢沟桥建于金大定二十九年（1189年），距今有800年的历史，是北京现存最古老的石桥，也是华北地区最长的石拱桥。卢沟桥气势恢宏、造型优美，在金代时就被列为著名的"燕京八景"之一。马可·波罗曾称赞"它是世界上最好的、独一无二的桥"[②]。

① 允裪. 钦定大清会典：卷七十四 [M]. 长春：吉林出版社，2005.
② 马可·波罗. 马可波罗行纪 [M]. 北京：中华书局，2012.

图 3-1　故宫内金水桥

图 3-2　琉璃河大桥

八里桥建于明正统十一年，位于通惠河上，是"陆运京储之通道"。桥有三券石砌拱，是典型的直拱桥。明清时，八里桥是通州通往北京的必经之处，与卢沟桥、朝宗桥并称为"拱卫京师的三大桥梁"。朝宗桥又称"沙河北大桥"，为七孔石桥，跨北沙河水（温榆河），是明朝帝后、大臣谒陵北巡的必经之路，又是通往塞北的交通咽喉。琉璃河大桥则建于嘉靖四十年，横跨琉璃河上，全部用巨大的石块砌筑，规模仅次于卢沟桥，是北京地区保存最完整的古代石桥之一。

相比四大古桥的气势恢宏，皇城内的桥多精巧华丽，如皇城内的金水桥。金水桥分内外金水桥，外金水桥位于天安门前外金水河上，为明时所建，桥共有 7 座，每座皆为三孔石桥，"7""3"皆为奇数，形制隆重，代表了古代桥梁中的最高等级。内金水桥位于紫禁城午门内金水河上，由 5 座单孔石拱桥组成，以汉白玉砌筑，望柱上刻蟠龙浮云图案，样式精巧华丽，是皇家桥梁建筑的杰出代表。万宁桥位于皇城地安门外的玉河之上，为单孔汉白玉石拱桥，修建于元代，距今已有 700 多年的历史（图 3-3）。

图 3-3　万宁桥（一）

除皇城内的皇家桥梁外，北京城内还分布着众多的民用桥，这些桥中也不乏历史悠久、工艺卓越的古桥，如始建于明朝的银锭桥。"银锭观山"亦为著名"燕京八景"之一。同时，还有德胜门内的德胜桥、京城西郊的高梁桥、玉河之上的东不压桥等。

皇家园林桥主要集中在皇家园林内，如北海的永安桥、陟山桥，颐和园的十七拱桥、绣漪桥、半璧桥等。

北京的古桥不仅数量众多，而且风格多样，按其材质可分为竹制桥（如竹拱桥、竹平桥）、木材桥（如木板桥、木拱桥、圆木桥）、砖造桥（如砖拱桥、砖石桥）、石材桥（如石拱桥、石平桥）[1]。因为北京地区盛产汉白玉石、花岗石、青石，故北京的桥多以石材或砖石建造，而这类桥的形式又以拱桥最为常见。拱桥是通过墩台之间的拱形构件来承重的桥梁，拱券的数目皆为奇数，按其形式又可分为高拱桥、直拱桥、曲拱桥、圆弧拱桥、半圆拱桥、陡拱桥等。高拱桥的拱券形态高大，且拱券两侧的墙体比一般桥要

① 梁欣立. 北京古桥［M］. 北京：北京图书馆出版社，2007.

高。这种桥面高出水面数丈，多建在河岸陡高的河上，桥下可通较高的帆船，如北海公园的陟山桥、京城东侧的八里桥。直拱桥是指桥体笔直、桥身等宽的桥梁，北京的直拱桥数量较多，如京西卢沟桥、京北朝宗桥、萧太后河上的运通桥（图3-4）。曲拱桥意指桥体弯曲几折，典型的如北海公园内的永安桥和小玉带桥。圆弧桥是指桥拱的弧度小于半圆的拱桥，如天安门的金水桥、龙泉寺的金龙桥等。

在北京城几千年的城市发展过程中，城市与河湖相互作用，赋予了北京浓厚的水域文化特色，桥梁也正是水在城市中的印记。北京的古桥数量繁多，姿态万千，分布在大大小小的河湖之上，便利了城市的交通、装点了古城的景色，"走"进城市百姓平凡的生活，也"走"进文人墨客的诗词画乐。古诗有"造舟为梁，不显其光"，亦有"新月出世""玉环半沉"，说的大体就是这种意蕴。20世纪90年代初，一首名为《北京的桥》的流行歌曲风靡一时，其原因既是因为歌曲具有浓郁的民族特色和京腔京味，更因为歌中真实地描绘了北京各种各样、瑰丽多彩的桥梁，反映出北京桥梁的旧貌新颜。

图3-4 运通桥

伴水而居，凭桥渡水，一座座古桥、新桥，正是在这座城市的百姓繁衍生息、顽强向上的精神明证。

大都"起点"

　　每当提到明清北京城，其严谨对称、雄伟的城市格局都会最令人印象深刻，其中长达 7.8 千米的中轴线更是古都北京的中心标志。梁思成先生在《北京——都市计划的无比杰作》一文中提到："中轴线的划定，对元大都的规划建设起着决定性作用。规划师利用北京什刹海、北海一带天然湖泊的辽阔水面和绚丽风光营造这个城市。为了使中轴线不淹没于湖水之中，元大都的设计师在圆弧状湖泊的东岸画出了一条南北与湖泊相切的直线，切点就是今天的后门桥，切线就是今天的中轴线。"① 其中的后门桥指的就是万宁桥（图 3-5）。

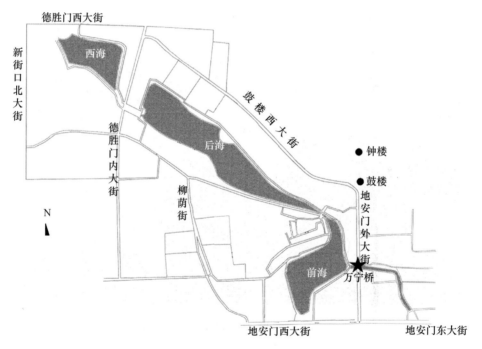

图 3-5　万宁桥位置示意图

　　万宁桥位于中轴线上，东临玉，南接地安门大街，西依什刹海，北通钟鼓楼，与金水桥"一南一北"遥相呼应。相比于金水桥的雄伟壮观，玉河之上的万宁桥相貌平平、造型简单，桥长 10 余米，单拱石砌，汉白玉石栏，拱高 3.5 米，装饰淳朴，很不起眼。但这却丝毫不影响其在北京城市历史中的地位（图 3-6）。细读北京的历史，就会发现万

---

　　① 梁思成，林洙 . 大拙至美 ［M］. 北京：中国青年出版社，2007.

宁桥几乎伴随着这座城市的每一步变迁：大都城规划、城市漕运、明代北京营建等，都与这座古桥有着密切的关联。

图 3-6　万宁桥（二）

据考，万宁桥始建年代早于大都城，是北京城里最老的桥之一。其东北侧水兽额下刻有"至元四年（1267 年）九月的字样，彼时元大都刚开始建设。刘秉忠在规划大都城时，将古白莲潭圈入城中，在万宁桥附近设立中心台，以此为依据规划城市轴线和四面城墙位置。在中心台南侧建宫城，中心台北侧建钟楼和鼓楼，前后纵向排列，作为城市的标志性建筑，再以中轴线的位置和古积水潭（白莲潭分化而来）的宽度，确定整个大都城的规模，即四面城墙所在，由此确立了大都城的形态格局[①]。

明北京城在改造时，基本上承袭了元大都都城的格局，保留并加强元代中轴线，沿中轴线新建皇城、宫殿，使之成为统率北京城市全局的中心。其中万宁桥是中轴线北侧的重要节点，因地安门为皇城的后门，而积水潭古称"海子"，京城百姓也习惯称万宁桥为地安门桥、后门桥、海子桥。侯仁之先生在 2000 年 12 月 22 日参加后门桥修复竣工典礼时说："这座石桥原名海子桥，700 多年前，北京城从原来的莲花池畔迁移到什刹海的时候，海子桥就是全城规划建设的新起点。现在，全城的中轴线也是从这里开始向南北延伸。"在侯先生的建议下，桥的名称被改回元代时的名称"万宁桥"，以寓意子孙后代万世安宁。

元代为解决大都城漕运问题，将高粱河及上游泉水引导至积水潭，再以积水潭为起点，利用万宁桥下的金代旧河道，疏浚形成通惠河，东至通州运河，这样南来的漕船就

① 张必忠 . 万宁桥：北京城的奠基石 [J] . 紫禁城，2001（2）：4-8.

可以经过通惠河直抵都城积水潭，万宁桥也就成为漕船进入积水潭港口的最后一道关口。

作为京杭运河的最后一道关口，万宁桥功能异常重要，不仅要满足桥上通车、桥下通船的功能，还要能起到调蓄积水潭的作用，所以桥东西两侧还建有 3 座水闸，即澄清上闸、澄清中闸和澄清下闸，通过提放水闸过舟止水（图 3-7）。文献记载，万宁桥元代时为三孔石拱桥，桥体高拱，桥洞的高度、宽度均满足桥下漕运船只的航行。桥的左右置有四尊水兽，以喻镇水之意。

由于地处漕运码头，万宁桥在北京经济文化中占有重要地位。

万宁桥位于通惠河末端，是元代漕船进入积水潭港口的必经之地，桥上人来车往，桥下船行如梭，万宁桥逐渐成为一个十分热闹的集市枢纽。南方的船只运载着大米、丝绸、瓷器、茶叶等各式各样货物驶入积水潭，在港口靠岸卸载后运往大都各地，周边商号云集，茶馆酒楼林立，南北客商聚集，一派繁华景象。诗人王元章有诗云："燕山三月风和柔，海子酒船如画楼。丈夫固有四方志，壮年须作京华游。"[1]

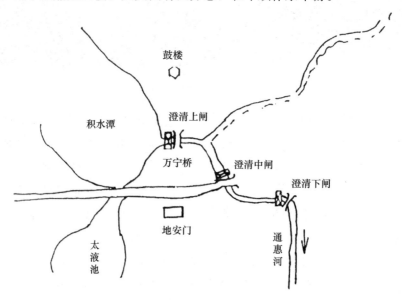

图 3-7　澄清三闸位置图

万宁桥一带民俗活动也热闹异常，各种曲艺、杂耍十分活跃，周边有热闹的浴像活动。从宋代起，每年的六月六被称为"洗晒日"，百姓会将猫狗家畜赶到水里洗澡，防止动物们长虱子，元代南亚进贡的大象也会在"洗晒日"前往河里洗澡。届时，大象来到积水潭沐浴，万宁桥上挤满了观看浴象的百姓。曾有诗记载了当时的浴象场景："四蹄如柱鼻垂云，踏碎春泥乱水纹。鸂鶒鸡鶒好风景，一时惊散不成群。"[2]

万宁桥毗邻积水潭，风光秀丽。桥西是碧波荡漾的水泊，桥南北是酒楼林立的地安

---

① 汤念祺. 郭守敬和积水潭［J］. 海内与海外，2009（5）：38.

② 于敏中. 日下旧闻考：卷五十四［M］. 北京：北京古籍出版社，1981.

门大街，桥东是宛如秦淮的玉河。优美景色吸引许多文人墨客相聚于此，创作出众多描写万宁桥的诗歌。元代诗人马祖常曾写诗《海子桥》："朝马秋尘急，天潢晚镜舒。影圆云度鸟，波静藻依鱼。石栈通星汉，银河落水渠。无人洗寒露，为我媚芙蕖。"① 元代大学士的许有壬在其《蝶恋花·九陌千门新雨后》亦描述："细染浓薰，满目春如绣。恰信东君神妙手。一宵绿遍官桥柳。"② 其中的官桥为万宁桥。

明代以后，通惠河的末端河道——玉河被圈入宫城，漕船无法驶入什刹海，万宁桥的通漕功能丧失，但仍为北京南北陆路交通要道。从前酒家林立、大象嬉戏的场景消失。明初文人宋讷曾写道："黄叶西风海子桥，桥头行客吊前朝。凤凰城改佳游歇，龙虎台荒王气消。"③ 但积水潭风光依旧，万宁桥仍然是文人墨客喜爱游玩的地方。同时，明代重新修整了桥体，护栏上雕刻莲花宝瓶图案，用板石砌筑桥面；在左右两侧补换镇水兽，仅保留了桥西北侧的水兽。更换的 3 只水兽头顶有鹿角，瘪嘴圆眼，尾巴粗壮，周围雕刻的云纹、波浪相当精细。西侧的两只将头外伸，身体一侧悬在岸壁上，并向桥洞中看去。桥东侧的两只头伸出岸沿边，姿态如伏岸望水。3 只水兽威风凛凛，活灵活现，体现了高超的雕刻艺术（图 3-8）。除水兽外，传说明代在修缮万宁桥时，还在桥下放置了一个石柱，上刻"北京城" 3 个字。当河水淹没到"城"字时，北京城可能有水灾；当淹没过三个字时，则会发大水，所以北京有俗语："水淹北京城，火烧潭柘寺。"

(a) 元代水兽 (东北侧)

(b) 明代水兽 (西北侧)

(c) 明代水兽 (西南侧)

(d) 明代水兽 (东南侧)

图 3-8　万宁桥水兽

① 马祖常. 石田文集：卷二［M］. 郑州：中州古籍出版社，1991.
② 许有壬. 至正集：卷八十一［M］. 北京：四库馆，1868.
③ 于敏中. 日下旧闻考：卷三十二［M］. 北京：北京古籍出版社，1981.

20 世纪 50 年代时，玉河河道淤塞、废弃，万宁桥破坏严重，石桥面上被铺设沥青，桥身下部被填埋，桥东西两侧河道上增加许多建筑物。1951 年相关部门对其进行养护维修，2000 年再次重修。修缮过程中，为验证 700 多年桥体的坚固性，相关部门做了个试验，让数十辆满载重物的大卡车，密密麻麻地排列在桥身上，发现桥梁的结构与框架并没有变形，这让人惊讶于古桥建造工艺的精湛。于是原古桥结构被保留下来，毁坏的栏杆按旧样复原，桥洞下和河岸边的水兽原地保留。如今的万宁桥每天过往频繁、桥上车流滚滚，经过时不仔细看，可能很难发现这座平淡无奇的石桥也有着汉白玉的石栏、精致的雕刻花纹、800 年的沧桑痕迹（图 3-9）。

图 3-9　万宁桥现状

万宁桥是北京城的见证者和守护者，见证了北京从无到有的历程和各个朝代的繁华，其斑驳的桥栏、模糊的水兽无不在向人们诉说着这些丰富的历史信息。古桥镶嵌在中轴之中，横跨在玉河之上，便利着两岸交通，沟通着南北文化，守护着一方的安宁和繁荣，连接着过去与未来，就像它的名字一般——万年永宁、桥连四方。

（本篇撰稿人：宿玉）

古桥诗月

"自汗八里城（元大都皇城）发足以后，骑行十里，抵一极大河流，名曰普里桑干（即永定河），河上有一石桥，桥之美，鲜有及之。桥两旁皆有大理石栏，又有柱，狮腰承之。柱顶别有一狮，此种石狮甚巨丽，雕刻甚精，每隔一步便有一石柱，其状皆同，两柱之间，建灰色大理石栏，俾行人不致落水。桥两面皆如此，颇壮观也。"[①] 这是 13世纪旅行家马可·波罗在其《马可·波罗游记》中对卢沟桥的描述。当时元朝刚刚建立，而这座矗立在大都城西南的桥早已享誉久远。

卢沟桥规模庞大，桥身全长共 266.5 米、宽 9.3 米，其中桥面长 213.15 米、净宽7.5 米，是华北地区最长的石拱桥，也是北京现存最古老的石桥。桥有拱洞 11 孔（图 3-10），桥拱呈现弧形，矢跨比率为 1∶3.5，中间三孔拱券顶南北处刻有精美的吸水兽[②]。桥中央较东西两端稍高，坡势平缓，横跨于永定河上，造型优美。

图 3-10　卢沟桥拱洞

早在西周时期，永定河上渡口便是南北往来的重要通道，燕蓟先民为出行便利，开始在渡口处搭建简单的木梁桥和浮桥。至战国时，永定河渡口已是燕蓟地区通往华北的

---

① 马可·波罗. 马可·波罗游记 [M]. 梁生智，译. 北京：中国文史出版社，1998.
② 梁欣立. 北京古桥 [M]. 北京：北京图书馆出版社，2007.

要津，为兵家必争之地。其后金朝定都燕京，金在辽代南京城的基础上建立中都城，简易的木桥早已无法满足渡口庞大的交通需求，为改善渡口交通，金世宗大定二十八年（1188 年）下令在永定河上修建一座石桥，石桥于金章宗明昌三年（1192 年）建成，命名为"广利桥"，即现在的卢沟桥（图 3-11）。桥的建成结束了永定河渡口无石桥的历史，也成就了一座举世闻名的古桥。

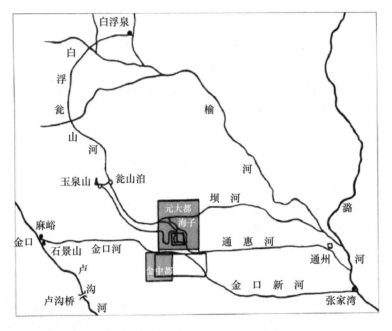

图 3-11　卢沟桥与北京平面示意图

古时这里涧水如练、西山似黛，在金代便是家喻户晓的"燕京八景"之"卢沟晓月"。因为卢沟桥地处燕蓟通往华北的要津，来往京城的行人、客商多半会在卢沟桥处夜宿，过往的客商若夜宿卢沟，早起赶路之时，夜色朦胧苍然，行走在卢沟桥，便可看到晴朗的夜空，一轮明月悬于空中，"大地似银月似霜"。月光倒映在桥两侧的水中央，形成两轮皎洁的明月，再加上天空中的月亮，便形成了"一天三月"的景象。明代诗人张元芳曾在其诗《卢沟晓月》[①]中描述了卢沟桥月夜的生动景象：

禁城曙色望漫漫，霜落疏林刻漏残。

天没长河宫树晓，月明芒草戍楼寒。

参差阙角双龙迫，迤逦卢沟匹马看。

万户鸡鸣茅舍冷，遥瞻北极在云端。

---

① 沈榜 . 宛署杂记：卷二十［M］. 北京：北京出版社，1961.

乾隆十六年（1751年），乾隆帝过卢沟桥时，也写下了一首赞叹卢沟晓月的诗①：

> 茅店寒鸡咿喔鸣，曙光斜汉欲参横。
>
> 半钩留照三秋淡，一蝀分波夹镜明。
>
> 入定衲僧心共印，怀程客子影犹惊。
>
> 迩来每踏沟西道，触景那忘黯尔情。

明代文人邹缉在《卢沟晓月》中写道："北趋禁阙神京近，南去征车客路长。多少行人此来往，马蹄踏尽五更霜。"②

同时卢沟桥也是古人与亲友拱手告别的地方，多少人曾在这里送别亲朋好友、挥手离别故乡。正如金人赵秉文在《卢沟》中的描述："落日卢沟桥上柳，送人几度出京华。"③ 卢沟桥不仅仅送别了无数的客商，也见证了无数的迎来送往（图3-12）。

图3-12　卢沟桥远景

提起见证，绝对不能少了大名远扬的石狮子，北京还有句歇后语"卢沟桥的狮子——数不清"（图3-13）。这些石狮伫立在桥的281根望柱上，望柱之间由刻着花纹的栏板相连，每个望柱顶端都有一个大狮子，大狮子身上雕着许多姿态各异的小狮子。小狮子们年代早的可以追溯到金代，但大多为明清之物，时间跨度达数百年之久。卢沟桥从金代到明清时期先后经历了13次大修，横跨几个朝代，所以石狮子的造型因时代、工匠、审美观等种种因素而互不相同，各具特色。千姿百态的狮子高的约51厘米，矮

---

① 乾隆.御制诗集：四十［M］.北京：四库馆，1868.

② 刘侗，于奕正.帝都景物略：卷三［M］.北京：北京古籍出版社，1983.

③ 于敏中.日下旧闻考：卷九十三［M］.北京：北京古籍出版社，1981.

的也有 20 厘米。它们大小不同、形态各异，个个栩栩如生。有的昂首挺胸，仰望云天；有的双目凝视，注视桥面；有的两两相望，似在对话；还有母狮携着仔狮，这也增加了数清狮子的难度。历史记载石狮原有 627 个，现存 501 个。1949 年后国家派小组保护卢沟桥，经考古工作者勘察，桥上石狮，包括桥东端代替抱鼓石的两个大狮、华表莲座上 4 个座狮，总共有 498 只石狮。虽统计多次，结论却各不相同，这也是"卢沟桥的狮子——数不清"说法的由来。

图 3-13　卢沟桥石狮

有人说，石狮成就了这座闻名遐迩的古桥，但桥基若是不稳，这一切也是空谈。永定河别名"卢沟河"，其中"卢"字本意为"黑色"，金代此处称作"黑水河"，即河水浑浊而湍急，时常河水泛滥，大浪甚至拍上桥面。因此，卢沟桥必须十分坚固，所以建造时，设计师使用若干根粗大的铁柱插入河底的卵石层，再铺上巨石整体连接，砌成桥墩。桥墩材料多为青石，桥体自重很大，建造者以这样的方式保证了桥墩坚固耐用。而在桥的内部，石基厚达两米，由铁柱穿透固定七八层石板构成，承载能力可谓超强。

此外，每个桥墩前都有船型的分水尖，端部安装三角铁俗称"斩凌剑"，以船头尖形抵挡洪水、江潮、冰块的冲击，给予卢沟桥一定的保护（图 3-14）。事实证明，这种建造方式很科学。在中华人民共和国成立后的考察中发现，卢沟桥虽经历 800 年风雨，但 10 个桥墩下陷都在 12 厘米以下。曾有传言，某年北京城连日降雨，永定河河水泛滥，卢沟桥附近居民不得已站上桥避水，当时大浪似要拍上桥面，人们惊慌失措，却发现大浪在桥前陡然落下，从桥洞下流走，原来是分水尖消解了汹涌的河水。

图 3-14　卢沟桥分水尖

　　卢沟桥自古就是北京连接华北的咽喉要冲，是京西南门户，自建成后就一直受到历代政权的重视，元、明、清三朝都十分注重卢沟桥的修缮[①]。比如，据《清实录康熙朝实录·卷十一》，康熙八年，永定河水泛滥，桥体部分毁于洪水，康熙皇帝下令重修。卢沟桥碑文记载："朕御极之七年，岁在戊申，秋霖泛溢。格之东北、水啮而圮者、十有二丈……复架木以通行人。然后庀石为梁，整顿如旧。"此后，乾隆五十一年，卢沟桥又历经一次较大规模的修缮。当时修理桥面时记载："石工鳞砌，固以铁钉，坚固莫比。"桥头石碑上镌刻的《重葺卢沟桥记》中也曾写道："皆重葺桥面而已，非重修桥身。"由此可见卢沟桥做工之细及设计之妙。桥的结构、桥墩、拱券等各部分都使用了铁腰，用于加强石与石之间的联系，从外部可明显看见。1975 年，曾有一辆超过 400 吨的超重型拖车通过卢沟桥，桥体却安然无恙，这已是其他古桥承载力的数百倍。

　　除此之外，卢沟桥还被赋予了不可磨灭的历史意义。1937 年 7 月 7 日，日军借口丢失士兵，要求搜查宛平城，被中国军队严词拒绝后，开始射击中国守军、炮轰宛平城。这一天是日本帝国主义全面侵华的开始，也是中华民族全面抗战的起点。中国守军浴血奋战、不惧敌军炮火，站在卢沟桥上向敌军射击，纵然血流成河，依旧前赴后继地继续战斗，这就是中华儿女不屈的抗争精神！如今，宛平城城墙上还留有弹痕，宛平城内有抗战雕塑园。

　　历史已尘埃落定，大大小小的破坏和修缮赋予这座石桥不一样的意义，如今永定河

---

　　① 孙涛．卢沟桥［M］．北京：文化艺术出版社，2002.

上已经建起了数座现代化大桥，卢沟桥已经结束了它的交通功能，被整体保护起来，成为人们观赏和缅怀的地方。现代人虽无法亲身感受古人站在卢沟桥上挥别友人的悲伤，无法目睹七七事变的抗日英雄，无法亲耳聆听这些石狮子讲述的故事……但却依旧可在月光皎洁的夜晚，站在桥上感受这座百年古桥的沧桑。

（本篇撰稿人：宿玉）

长桥映月

北京地处华北平原北部，西北东三面被群山环绕，河流密布。北京自古多山多水，也多桥。旧时有拱卫京城的四大古桥：京东南马驹桥、京东八里桥、京西卢沟桥、京北朝宗桥。这些古桥地处交通要道，历史悠久，其中水陆并用的京津要塞，当属八里桥（图3-15）。

图 3-15　八里桥

八里桥原名"永通桥"，因东距通州4千米，而被百姓俗称八里桥。八里桥横跨通惠河，是通州至北京城区的必经之处，也是经通惠河向京城运输粮草、砖木的必由之地，史称其为"陆运京储之通道"。八里桥始建于明正统十一年（1446年），石桥前身是座木桥，因通惠河坡度较大、河水湍急，原建的木桥时常被冲毁而影响交通，内宫太监李德向明英宗申请改建石桥，英宗准奏。石桥于正统十一年十二月竣工，英宗赐名"永通桥"。《明英宗实录·卷一百四十四》记载："正统十一年八月，建通州八里庄桥，命工部右侍郎王永和督工。"《直隶通州志》记载："八里庄桥即永通桥，在普济闸东。正统十一年敕建，祭酒李时勉作记。"

八里桥南北长50米，东西宽16米，为石砌三孔拱桥（图3-16）。中间桥拱高阔，最高处有8.5米，可通舟楫，舟行不必免帆，两旁小孔矮小对称，方便行洪，大小拱孔呈错落之势。桥体设计不仅美观，而且方便运粮帆船的通过，八里桥也由此获得了"八里桥不落桅"的美誉。

桥面以花岗石铺就，每块石头之间以嵌铁相连，使桥面浑然一体，十分坚固。桥面两侧有32副汉白玉石栏板，板面上有雕刻作品，雕刻纹路清晰、刀法熟练流畅，栏板的望柱上雕有石狮，石狮共66只，造型各异、形态生动，较卢沟桥石狮亦不逊色（图3-17），栏端蹲坐麒麟，昂首挺胸，栩栩如生（图3-18）。桥东西两侧各有一只镇水石兽。镇水石兽体型庞大，虽然历经多年风雨侵蚀，但姿态依然威武雄健，扭颈倾头注视着河面。原桥头置有明代永通桥石碑，碑文载："通州在京城之东，潞河之上，凡四方万国贡赋由水道以达京师者，必萃于此，实国家之要冲也……朝廷迁都北京，建万世不拔之丕基，其要在于漕运，实军国所资，而此桥乃陆运之通衢，非细故也……"[①] 可惜石碑现已不知去向。

图 3-16　八里桥拱孔

图 3-17　八里桥石狮

---

① 杨宏. 漕运通志：卷十［M］. 北京：方志出版社，1995.

图 3-18　栏端石兽

明清之际，通惠河漕运繁忙，八里桥下千帆竞渡，桥上车马骈阗，其热闹程度当属四大古桥之首。桥周边景色秀美，两岸绿柳白杨，风景如画，白日凭栏东望可观巍巍长城，夜晚挟栏鸟瞰，能赏浆碎玉盘。每逢月圆之夜，桥洞中映着一轮明月，皎洁的天空、清清的河水、浮动的月影，衬托着洁白如玉的长桥，是为通州八景之长桥映月。清代诗人尹澍曾描写此景："长虹百尺卧城西，水影天光云影溪。多少石猊旋兔窟，往来人踏镜中梯。"清代诗人李焕文曾作《长桥映月》诗：

> 湖溯昆明引玉泉，虹桥八里卧晴川。
> 石栏拥似天衢入，画舫摇从月窟穿。
> 万斛舟停芦荡雪，百商车碾桂轮烟。
> 渔灯蟹火鸣征铎，惊起蛟龙夜不眠。

八里桥不仅以风景闻名，还记录了许多历史故事。八里桥是古代京津要塞和北京的东大门。咸丰十年（1860 年）7 月，挑起第二次鸦片战争的英法联军，因天津谈判无果向北京逼近。八月初七，英法军队以 6000 人兵力在猛烈的炮火掩护下，自通州郭家坟分三路向八里桥一带进攻。当时驻守八里桥一带的清军有 3 万，在人数上有明显的优势。然而清军当时正处于冷热兵器转型期，兵器明显落后于敌方。清军士兵挥舞着大刀长矛面对侵略者的洋枪、洋炮。是日，清军将士视死如归，英勇杀敌，桥上的将士倒下了，后面的将士又冲了上来，誓与大桥共存亡。战至当晚，虽然清军官兵前仆后继，但是在侵略者密集子弹的杀伤下，伤亡惨重，八里桥最后失守，这便是著名的八里桥战役。

在激战中，八里桥的石栏板被炸得粉碎，许多石狮子也被炸毁。虽然战后清政府重新修复了八里桥，但也不免留下了一些炮弹创痕，至今桥面上仍残留着许多洋枪洋炮的弹迹。民国二十七年（1938 年）修京通柏油路时，将桥两端垫土，降低了石桥的坡度。

20 世纪 80 年代，通惠河洪水泛滥，将桥南北两孔边缘冲塌，古桥变危桥。其后，为保护古桥，减少洪水对桥的冲击，在桥南北两端开道引河，各建三洞水泥桥一座，用来泄洪分流，桥间以水泥构筑分水泊岸（图 3-19）。

图 3-19　八里桥现状

如今历史的硝烟早已远去，八里桥现为全国重点文物保护单位。桥下河水静静流淌，桥上人来车往，川流不息……

塞北要道

秦汉以来，戍守边疆成为国家的重要军事活动。为抵御匈奴等少数民族入侵，中原民族在边关修建了雄伟的长城，构建了一道道险固的要塞工事。至明朝，明成祖朱棣迁都北京后，塞外的蒙古鞑靼势力时常派兵侵扰边关，戍边卫国和打击蒙古鞑靼势力成为明朝首要解决的问题。为此，明朝统治的几百年里，在边关修筑了大量军事工事，其中便包括京城通往塞北的重要通道——朝宗桥。

朝宗桥位于沙河镇北沙河之上，北邻居庸关、白羊口，东控古北口，是通往塞北的必经之地，与卢沟桥、马驹桥、八里桥并称为"拱卫北京的四大古桥"（图 3-20）。在明朝时，朝宗桥附近还建有巩华城。巩华城是明朝皇帝的行宫，亦是驻军之所和粮仓重地（图 3-21）。巩华城落成之初由勋臣镇守，后来逐渐发展成为一座集谒陵、驻防、漕运、贸易等多种功能于一身的京畿重镇，与朝宗桥一道成为京城的北大门。

元朝时，朝宗桥所在位置就建有一木桥。明朝迁都北京后，朱棣连年对蒙古鞑靼势力作战，横跨沙河之上的木桥成为征伐军队的必经之地，其军事和政治地位越来越重要。迁都之后，明朝皇帝除英宗朱祁镇外，皆埋葬于天寿山，每年祭祀大典时，皇帝带领满朝官员都要从德胜门往北，经北沙河至天寿山。原沙河上的木桥不堪重负，每逢雨洪时节，沙河波浪汹涌，木桥更是岌岌可危，两岸交通因此受到了极大的困扰，修建一座能够同时满足军事、民用的新桥梁，迫在眉睫。明正统十二年（1447年），北沙河上的旧木桥被拆除，开始修建朝宗桥，同时在桥南侧的南沙河上修建安济桥（图 3-22）。《日下旧闻考》记载："安济、朝宗，二桥皆正统十二年命工部右侍郎王永寿建。"[2]

---

① 王士祯. 唐人万首绝句选：卷三［M］. 上海：商务印书馆，1929.
② 于敏中. 日下旧闻考：卷一百三十四［M］. 北京：北京古籍出版社，1981.

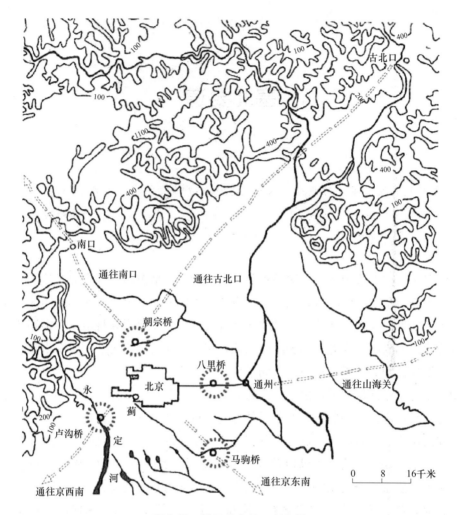

图 3-20　拱卫北京的四大古桥

图 3-21　巩华城

图 3-22　朝宗桥现状

　　朝宗桥全长 130 米，宽 13.3 米，七孔相连，中间的孔最高，达 7.5 米，两侧桥孔依次减小（图 3-23）。中间拱券券顶雕有镇水兽，水兽两眼怒视水面，姿态威猛，栩栩如生（图 3-24）。桥体两侧有石栏柱 53 对（图 3-25），桥头云堆抱鼓石，造型古朴典雅，给人以雄浑之感[①]。朝宗桥北的东侧立一汉白玉螭首方碑，高 4.08 米，宽 1.02 米，厚 0.39 米，碑额正方刻有篆书"大明"二字，碑身线刻"朝宗桥"三字。

图 3-23　桥栏石柱

① 老北京城外的古桥 [J]. 北京档案，2012（4）：2.

图 3-24　拱券正中的水兽

图 3-25　桥拱洞

朝宗桥的命名有两种说法，其中一种是因朝拜皇陵而得名，另一种说法则源于一个小故事。相传明朝以前，沙河上只有木桥，每逢汛期，木桥常常被冲坏，两岸交通受到了极大的影响。明代定都后，朝廷便命两名大臣分别于南、北沙河上修建石桥。而这两名大臣，一个是兢兢业业、刚正不阿的忠臣赵朝宗，另一个则是贪慕钱财、偷工减料的奸臣。两桥建成后，奸臣污蔑赵朝宗在建桥时偷工减料、私扣公款、延误工期。皇帝不明是非、听信谗言，将忠臣赵朝宗斩首示众，还给奸臣升官加封。可是几年后，奸臣所建的南沙河桥不抵暴雨的冲击，坍塌于洪水滔天之中，劣质施工暴露无遗，而赵朝宗所建北大桥依然安如磐石，屹立于滚滚大浪之中。皇帝勃然大怒，将奸臣斩首，对忠臣赵朝宗深感愧疚，便赐名北沙河桥为"朝宗桥"，并命人于桥北东侧立一石碑，上刻"朝宗桥"（图 3-26），以纪念赵朝宗，这就是朝宗桥的另一个由来之说。

图 3-26　朝宗桥石碑

关于朝宗桥还有一个非常有意思的传说，据说在桥即将完工时，桥正中的一块石头由于尺寸不合，几经更换迟迟无法将石头装上。在那时拖延工期是掉脑袋的大罪，工匠们急得像热锅上的蚂蚁，四处寻找相吻合的石头。直到有一次工匠们在沙河街上转悠，忽然发现一农户家门口的石条与石格大小极其相似，便找来了农户的主人。主人告诉工匠们："这石条不是我的，是一位老人所存下的，并留话说，谁想要这石条必须给 10 两银子。"工匠们毫不犹豫答应了下来，凑足了 10 两银子，急忙把石头连夜运到桥上，石块安装后，出奇地合适，工匠们如释重负。后来大家思量着，这位老人一定是鲁班爷，只有他才能做出这样精准的石块，救大家于危难之中。

百年间，朝宗桥屹立于沙河洪水中，历经侵蚀不曾倒下。但在 1937 年 7 月，日军进攻北平，炮轰朝宗桥，朝宗桥身上留下了两块碗口大的伤疤，记录了日本帝国主义的罪行。

1984 年，百年老桥朝宗桥被列入北京市文物保护单位。

1989—1990 年间，朝宗桥上每天都会有许多超载货车经过（图 3-27），老桥的承受力受到极大考验，随时存在着坍塌的可能，随后相关部门对朝宗桥进行了一系列加固修缮处理。

图 3-27　桥上车辆过往

　　如今战争的硝烟早已散去，巩华城和朝宗桥再无兵将驻守，明朝皇帝谒陵、北巡也早已成为陈旧的历史，但朝宗桥至今仍是一座功能完好的石桥。朝宗桥是一段历史的缩影，见证了朝代繁荣和落寞的变迁，见证了峥嵘的烽火岁月，蕴含了古人的智慧和技艺。文化需要传承，历史应该被铭记，承载历史的文物也应该得到人们的尊重。

（本篇撰稿人：刘烨辉）

皇家御桥

我国著名桥梁专家茅以升在《桥名往谈》中说："万物皆有名。既然是名，就要起得好。我国近代桥梁题名时，受西方影响，是从地理观点出发的，即能指出它的所在地就可以了。然而我国古代的桥名，不是这样的。它总要有些文学气息，或者是记事抒情，引起深思遐想；或有诗情画意，使人心旷神怡。就这样，通过慎重题名，一座桥的历史作用或关系，就立刻表现出来，因而容易流传。"[①] 正如所述的那样，中国许多古桥的名称饱含意蕴，比如西湖的"断桥"、苏州的"枫桥"、西安的"销魂桥"等，在北京也有这么一座名字讲究的古桥，即紫禁城中的金水桥。

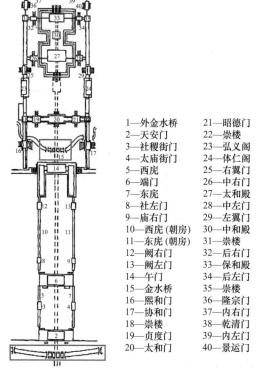

金水桥坐落于皇城内、外的金水河上，分为内金水桥和外金水桥，两座桥不仅是皇城内重要的交通通道，同时也具有重要的象征意义。关于金水桥名字的由来，有很多说法，最为有趣的是五行之说。元代时曾开凿一条引水渠，将玉泉山水引入大都宫城，专供皇家使用。水渠自大都城西城门和义门流入，根据五行学说，西方属金，所以水渠又称为"金水河"，而河上的桥也由此得名"金水桥"（图3-28）。

不过金水桥在元代叫作"周桥"（图3-29）。明初萧洵在《故宫遗录》中记载："灵星门内数十步许有河，河上建白石桥3座，名为周桥，皆琢有龙凤祥云，明莹如玉。桥下有四白石龙，擎戴水中，甚壮。绕桥尽高柳，郁郁数万株，远与内城两宫海子相望。"[②] 说到精致的周桥，则不得不提周桥的设计师——杨琼。杨琼，

1—外金水桥　　21—昭德门
2—天安门　　　22—崇楼
3—社稷街门　　23—弘义阁
4—太庙街门　　24—体仁阁
5—西庑　　　　25—右翼门
6—端门　　　　26—中右门
7—东庑　　　　27—太和殿
8—社左门　　　28—中左门
9—庙右门　　　29—左翼门
10—西庑（朝房）30—中和殿
11—东庑（朝房）31—崇楼
12—阙右门　　　32—后右门
13—阙左门　　　33—保和殿
14—午门　　　　34—后左门
15—金水桥　　　35—崇楼
16—熙和门　　　36—隆宗门
17—协和门　　　37—内右门
18—崇楼　　　　38—乾清门
19—贞度门　　　39—内左门
20—太和门　　　40—景运门

图 3-28　紫禁城中的内、外金水桥

① 北京茅以升科技教育基金会．茅以升全集：第2卷　桥梁工程：下［M］．天津：天津教育出版社，2015.
② 萧洵．北平考：故宫遗录［M］．北京：北京古籍出版社，1980.

河北曲阳人，是元代河北曲阳的一位普通石匠，出身于石工世家。因其精湛的石雕技艺曾被赞为"每出自新意，天巧层出，人莫能及焉"[①]。相传 1276 年修建元皇城崇天门前的周桥时，元世祖忽必烈命杨琼提交设计方案，杨琼的设计方案受到赞赏并被采纳。周桥的建造为皇城增色不少，因而明皇城的建造者把它照样搬来。

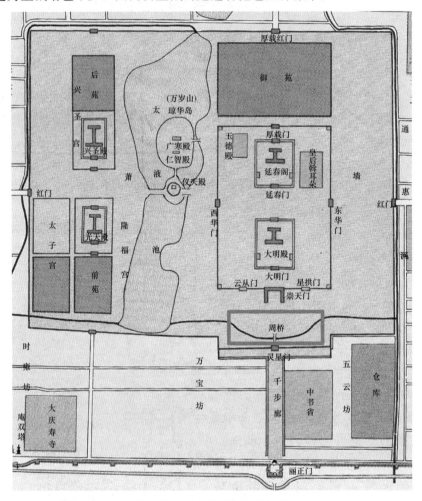

图 3-29　元大都宫殿中的周桥

明太祖朱元璋在南京修筑宫殿时，沿用了元大都制度，在大内增建奉天门和承天门，门前开凿了两条河道——内、外金水河。外金水河位于皇城外，流经承天门前，河上建有外五龙桥；内金水河位于故宫城内，流经奉天门前，河上建有内五龙桥。后来明成祖朱棣迁都北京，营建规模更为宏大的紫禁城，原南京城的宫殿格局和内外金水桥制度被完整地保留下来，改称"金水桥"。历史记载，金水桥初建时为木质结构，景泰三年（1452 年）换成石桥。清顺治八年（1651 年）对桥进行大修，清康熙二十九年（1690 年）桥体扩建，形成了现今金水桥的格局。

---

① 王林丹. 河北曲阳汉白玉石雕的历史考察［D］. 石家庄：河北师范大学，2015.

特殊的地理位置决定了内外金水桥"不凡"的命运，两座古桥无论是规模还是形制，都堪称"之最"，是当之无愧的"最华丽的桥"。

外金水桥位于天安门正前方的外金水河上，由 7 座三孔拱券式单桥组成，"三七之数"象征着桥至高无上的等级（图 3-30）。中间的 5 座石桥分别与天安门城楼的 5 个门洞相互对应，东西两侧距离较远的石桥分别对应太庙和社稷坛的入口。每座桥桥面稍有坡度，中间出现拱面，形式皆为中间窄、两边宽，呈现出"】【"的样式。每座桥的使用对象、建制和装饰也皆有严格的规制要求。7 座桥居中的桥称为"御路桥"，专供皇帝行走。桥体宽大，全长 23.15 米，宽 8.55 米，拱券最大跨径 5.5 米。桥两侧望柱为蟠龙栏柱，装饰等级最高，其余 6 座桥皆为火焰形栏柱；御路桥东西两侧的桥称为"王公桥"，专供宗室亲王行走，宽 5.78 米；王公桥外侧的石桥称"品级桥"，供三品以上的官员行走，宽 4.66 米；品级桥东西两侧 50 米处，还有两座桥称为"公生桥"，供四品以下官员、太监、仆役等人员行走，宽度较品级桥窄[1][2]。7 座石桥雕琢精致华丽，横跨在外金水河上，南临天安门广场，北倚天安门城楼，从上空看去，像是几条玉带飘扬在河面上，与古朴的华表、雄伟的石狮、巍峨的天安门构成一幅壮丽画面[3]。

图 3-30　外金水桥

内金水桥共 5 座，位于太和殿广场的内金水河上，结构皆为单孔拱券式（图 3-31）。5 座石桥等级规制和外金水桥类似，也分为御路桥、王公桥、品级桥[4]。五座石桥的长宽和装饰等级自中间向两侧依次降低，并随着弯曲如弓的金水河也呈弧形排列。在青砖墁地的太和殿广场上，曲折如弓的内金水河蜿蜒流过，造型优美的石桥横亘河道两侧，贯通南北，使得空旷威严的太和殿广场既显得开阔豁朗，又多了几分灵动活泼。

①　梁欣立 . 北京古桥［M］. 北京：北京图书馆出版社，2007.
②　施连芳，高桂莲 . 北京通趣说老北京［M］. 北京：中国工商出版社，2008.
③　居然 . 神州第一桥：金水桥［J］. 中国公路，1999（19）：18-19.
④　毛云章 . 金水桥：石桥中的"金桥"［J］. 石材，2008（6）：49.

图 3-31　内金水桥

金水桥自建造至今已历经百年，朝代更迭，人事变迁。静立在金水河上的金水桥也随着这座深院宫殿，见证了无数人事更迭：从永乐帝踏过金水桥，开启了永乐盛世，到李自成跨过了金水桥，满载胜利荣耀；从关外女真族踏过金水桥，问鼎中原宝座，到八国联军从金水桥上一哄而过，再到民国时的纷争、抗战时的动乱……位于中国权力中心的金水桥也看尽了人事的纷争，以无言的沉默和斑驳的容颜，叙说世事的变迁（图 3-32）。今天的金水桥几经修缮，已焕然一新，每天都有成千上万的游客从桥上踏过，昔日唯有王公大臣、文武百官才能行走的"金桥"，变成了普通百姓能够轻易驻足行走的"石桥"。

图 3-32　金水河与金水桥

（本篇撰稿人：吴礤）

银锭观山

这首诗描写的是京城一处著名古迹——银锭桥。银锭桥是一座汉白玉石桥，位于西城区什刹海前海和后海交汇处，始建于明代，已有 500 多年的历史。银锭桥为南北向的单孔石拱桥，长约 12 米，高、宽均约 8 米，跨径 5 米。桥上有 5 块汉白玉材质的镂空云花栏板及 6 根翠瓶卷花望柱，桥体小巧玲珑、精致典雅。

银锭桥名字的由来主要有两种说法，一是桥身很短，两边的八字翼墙很长，从高处俯视，就像一只倒扣过来的银元锭宝；二是当年在翻修银锭桥时，发现桥下柏木桩之间是用银锭锁固定的，故而称之为"银锭桥"①。现存的这座桥是 1984 年新建的，桥身正面镌刻着单士元老先生题写的"银锭桥"三个楷体大字（图 3-33）。

图 3-33　银锭桥题字

---

① 佚名. 几百年历史的银锭桥早已远去［J］. 台声，2007（10）：93.

金元时期，什刹海与北海、中海连成一片水泊，水面面积远大于现在。明代时水泊萎缩成三片，即什刹海的前海、后海和西海，三海之间水道相连。明朝划定北京城内街道格局时，规定凡遇跨河处必修桥，连接前海、后海的银锭桥即始建于此。银锭桥为前海南端去往后海西端的必经之地，且其所处什刹海地区风光旖旎，自建成起就成为京城一处知名的人文胜迹。关于银锭桥的记载不绝于史，《帝京景物略》记载："崇祯癸酉岁深冬，英国公乘冰床，渡北湖，过银锭桥之观音庵，立地一望而大惊，急买庵地之半，园之……西接西山，层层弯弯，晓青暮紫，近如可攀。"[①] 历史上什刹海地区曾有李广桥、德胜桥、西步粮桥等数十座古桥，但随着岁月变迁，这些桥大多消失，唯有银锭桥长盛不衰，成为什刹海地区的标志性建筑。

银锭桥所在的什刹海风景秀丽，傍晚时节广阔湖面漾起层层碧波，岸边垂柳郁郁葱葱，璀璨晚霞铺展在水面上，就如同洒下的红宝石一般（图3-34）。银锭桥横跨在前海、后海相交的细脖处，地势高隆，连通南北。两侧湖面水波粼粼，金光闪闪（图3-35）；桥边胡同密集，古宅相拥，古韵悠然。站于桥上，向西可远眺后海秀色，向东可俯瞰前海繁华，环顾四周，隐匿于街巷之中的王府、寺庙依稀可见。

图 3-34　什刹海美景

---

① 刘侗，于奕正．帝京景物略：卷一［M］．北京：北京古籍出版社，1983．

图 3-35　银锭桥西侧

　　优越的地理位置造就了银锭桥独特的景致，最为著名的当数"银锭观山"和"海水倒流"。银锭桥地处两海交接处，视野开阔，站在桥上向西望去，越往西水面越宽阔，尽头烟云浩渺，可以隐隐约约地看到峰峦起伏的朦胧西山，故有"银锭观山"之景（图 3-36）。《京师坊巷志稿》中记载："银锭桥在北安门海子桥之北，此城中水际看西山第一绝胜处也。桥东西皆水，荷芰菰蒲，不掩沧漪之色。南望宫阙，北望琳宫碧落，西望城外千万峰，远体毕露，不似净业湖之逼且障目也。"[①] 因此"银锭观山"成为著名的"燕京小八景"之一。乾隆皇帝也曾有诗赞道："银屏重叠湛虚明，朗朗峰头对帝京，万壑精光迎晓日，千林琼屑映朝晴。"[②] 而"海水倒流"则是因为整个北京城的地势是西北高、东南低，所以湖水自西北流向东南，银锭桥下的水流亦是如此。但是明代时，西海的水并不直接通向后海，而是通过月牙河流向前海，造成前海水位高于后海，形成前海之水倒流入后海的奇特景观，民间对此有"银锭观山水倒流"的描述。

　　银锭桥及周边风景秀丽，文人墨客常常会聚此地，远观山、近亲水，吟诗作对、绘景抒情，留下了诸多对银锭桥的赞歌。清代诗人宋荦在其《过银锭桥旧居》中曾写道："鼓楼西接后湖湾，银锭桥横夕照闲。不尽沧波连太液，依然晴翠送遥山。"沧海桑田，随着时间更替，上至王公贵族下至普通百姓，不同阶层的文化在这里沉淀发酵，酝酿出独特的韵味（图 3-37、图 3-38）。

① 朱一新．京师坊巷志稿［M］．北京：北京古籍出版社，1983.

② 于敏中．日下旧闻考：卷八［M］．北京：北京古籍出版社，1981.

图 3-36　站在银锭桥上向西远眺（后海）

图 3-37　桥下小船悠悠

图 3-38　落日余晖

　　什刹海靠近北京的中轴线，傍水望山，交通便利，一直以来就是皇亲国戚和商贾富豪的居住首选。至今在银锭桥周边还有诸多的王府、花园，如恭亲王府、醇亲王府等，也有宋庆龄、郭沫若等众多名人的故居（图 3-39、图 3-40）。

图 3-39　醇亲王府

图 3-40　宋庆龄故居

除此之外，还有一位与银锭桥有着密切联系的大汉奸——汪精卫。据传宣统二年二月二十一日，汪精卫、黄树中、罗世勋 3 人在银锭桥下埋藏炸弹，欲谋刺每日上朝必经过银锭桥的摄政王载沣，不料谋刺行踪被发觉，因此被捕入狱。他在狱中写下了诗作《慷慨篇》："慷慨歌燕市，从容作楚囚。引刀成一快，不负少年头。"[①] 这是青年时期的汪精卫，而后汪精卫却背弃了最初的理想[②]。正是因为《慷慨篇》，使其人和诗都出了名，银锭桥也因此举世皆知。

岁月给银锭桥带来了盛名，同时也带来了衰老。银锭桥就像是一位摆渡人，便利了交通，将两岸联系在一起；浓缩了历史，将古今联系在一起，让我们能够细细品味、追思曾经的燕京胜景，寄托着一代又一代人关于海子的记忆。

（本篇撰稿人：朱娜）

① 石叟，刘慧勇 . 中华民国诗千首 ［M］. 海口：海南出版社，2013.
② 刘宏伟 . 漫步银锭桥 ［J］. 新作文 . 金牌读写（初中生适读），2013（6）：39-40，42.

琉璃河桥

　　每年七八月份是琉璃河的汛期。这条宽阔的河流发源于京西房山百花山西麓，出山后浩浩荡荡流向东南，在琉璃河镇蜿蜒辗转，形成了一处处平坦的河湾，并与挟括河汇合，最终向南注入拒马河。充足的河水和肥沃的河湾，为文明的诞生提供了摇篮，为城邑的繁荣提供了养分。早在西周时期，古燕都就设立于此；秦汉时期此处已有多处村落；辽时有刘李村；明时有燕谷里、燕谷社；清代在此设琉璃河镇，镇以河得名，由此也遗留下众多文物古迹，包括西周燕都遗址、良乡行宫及众多名人遗迹。除此之外，在距离燕都遗址不远的琉璃河上，还有一座不为大众熟知的古桥——琉璃河大桥。

　　古桥位于北京西南琉璃河镇，南北横跨在琉璃河上，是一处水陆交通要道，地理位置偏远而鲜为人知（图 3-41）。其知名度虽然比不上京师四大古桥——卢沟桥、朝宗桥、八里桥、马驹桥，但却有着诸多光环，如"房山最大石拱桥""京南要隘""五里长街""燕谷长桥"。同时，在古桥的身上，还隐藏着一段尘封的历史……

　　乾道六年（1170 年）著名诗人范成大奉旨出使金国，争取修改屈辱的议和协议，范成大深知此行凶多吉少，因此他在出发前就安排好了后事并留下遗嘱。途经北宋故地，

图 3-41　琉璃河流域图

山河依旧，但物是人非，范成大不禁触景伤怀，他将沿途见闻写成一首首诗作。途经琉璃桥时，恰逢春夏时节，琉璃河宽阔平静，河水清澈，木桥横跨其上，成对的鸳鸯在水面上嬉戏，两岸树林青葱茂盛、烟雾缭绕。范成大强撑病体，撩起帘幕，看到窗外宁静美丽的自然景色，内心愉悦，一路的艰辛和长期的压抑在此刻得到释放，于是他写下了一篇出使以来少有的轻松诗作——《琉璃河》："烟林匆蒨带回塘，桥眼惊人失睡乡。健起褰帷揩病眼，琉璃河上看鸳鸯。"一百年后的至元十六年（1279 年），南宋亡国，文天祥被元军押往大都，再次途经琉璃桥，时值寒冬，天寒地冻，文天祥在国破家亡之际，内心凄凉，他看到冰封的琉璃河和冰雪覆盖的琉璃桥，触景生情，写下了一首《过雪桥琉璃桥》诗："小桥度雪度琉璃，更有清霜滑马蹄。游子衣裳如铁冷，残星荒店野鸡啼。"离开琉璃河三年后，文天祥从容就义。范成大和文天祥走过的琉璃河木桥，早已无证可考，但两位伟大诗

人的经历，却为这座古桥增添了一段悲壮而又诗意的历史。

盛夏时节的琉璃河水势浩荡，在琉璃河镇汇集诸流后水势大增，时常冲决泛滥，因此横跨河道的木桥也屡建屡毁，这种情况自金元时期就存在，一直持续到明代，直到嘉靖时期，琉璃河上才出现了一座较为坚固的石桥。《敕修琉璃河桥堤记》记载：嘉靖十八年（1539 年），嘉靖皇帝南巡承天府，拜谒家庙和显陵。经过琉璃河时，适逢河水泛滥，四处漫溢，奔流溃决百余里，陆上的行人和车马时常受阻，无法顺利通过。嘉靖皇帝目睹百姓渡河之艰难，心生怜悯，等到御驾回京后，便命令工部尚书甘为霖督修桥梁。然而，甘为霖因病离职，未能完成此事。次年，皇上又任命侍郎杨鳞、内官太监陈准和袁亨负责建造石桥，石桥建好后，三人得到嘉奖，这座桥就是后来的琉璃河大桥。然而，由于没有修筑堤坝加以防护，每逢夏季河水泛滥时，桥的南北两侧常被洪水淹没，形成宽阔的河道，行人难以渡河。这种情况持续了八年之久，往来百姓深受其苦。后来皇帝又下谕给尚书徐果总领此事，徐果接受命令后，经过勘察规划，建议在桥的两端修筑两道堤坝，并在中间增设一座小桥，设置水沟以减缓水势。方案得到皇帝批准后实施，工程中共修筑南北堤坝五百余丈（1 丈≈3.33 米）、小桥一座、水沟八道，并在桥两侧修建"元恩""咸济"两座石牌坊[①]。

图 3-42　琉璃河大桥现状

新建的大桥总长约五十丈，宽三丈三尺（1 尺≈0.333 米）（图 3-42）。形制为联拱石桥，下为墩台，上为拱券，全部以方石砌筑，构造严谨；全桥共设拱券十一孔；中孔最大，中间三孔拱券正中雕有精美的兽头；桥上建有实心栏板和望柱，并雕刻有精美的海棠纹线；桥面以巨型条石铺砌，条石之间以银锭扣榫连结；为抵御浮冰，大桥墩台均

_____

①　于敏中. 日下旧闻考：卷一三三［M］. 北京：北京古籍出版社，1981.

为"船"形，墩头呈三角形，迎向来水方向，端部设角铁，俗称"斩冰剑"，与卢沟桥的墩台构造相同；墩台下部巨大的石块一直砌到水底，石块下面柏木桩密集排列。同时石桥两端修筑了长约五百丈的长堤，堤面铺以巨型条石。北堤自石桥北端到刘李店村，南堤自石桥南端至琉璃河镇内大街南口，俗称"五里长街"①。大桥和河堤从嘉靖十八年（1539年）下令修建，到嘉靖四十一年（1562年）完工，前后持续二十余年，足见修桥之艰辛。完工后，皇帝派遣徐果悬挂匾额，并举行祭谢仪式②，自此一座坚固石桥永久地屹立在琉璃河上（图3-43）。

图3-43 拱券结构和"船"形墩台

几十年后，明代著名诗人袁中道途经此地时，在邮亭歇脚休息。此时文天祥和范成大所走过的木桥早已不见了踪影，取而代之的则是一座纵贯南北、宛若飞虹的大石桥。没有重游故地的伤感，也没有国破家亡的悲愤，有的则是宦游京师的闲适，日暮时分袁中道漫步于琉璃河大桥，眼前的琉璃河两岸烟柳翠幕，石桥如画，青山在晚霞中连绵起伏，美不胜收，他诗兴大发，写下了著名的诗篇《琉璃桥》："飞沙千里障燕关，身自奔驰意自闲。日暮邮亭还散步，琉璃桥上看青山。"不同的时代、各色的人物、不一样的情感，让这座穿越千年的渡口桥梁形象变得真实饱满。

由此而过的人物，除了名垂青史的文人名士，还有无数平民商贩。大桥的修建便利了交通，促进了商贸的繁荣。古时的琉璃河镇是重要的交通要冲和商业重镇，其渡口向东北与良乡、卢沟桥相接，通往京城；向西南与涿州相连，通往保定，清中叶还可通雄县、霸州、天津等地。琉璃河大桥是琉璃河镇交通的要道，两岸商贸繁华，店铺林立、

---

① 周坤朋，王崇臣，王鹏. 京华水韵：北京水文化遗产［M］. 北京：清华大学出版社，2017.

② 于敏中. 日下旧闻考：卷一三三［M］. 北京：北京古籍出版社，1981.

贾客云集[①]。几百年来，桥下帆船过往，船夫号子此起彼伏；桥上车水马龙，车轮辘辘；穿桥而过的骡马车辆，日复一日，年复一年，在桥上留下了清晰的车辙痕迹。咸丰八年（1858年）户部右侍郎宝望途经此地，看到琉璃河上水运繁忙的场景，犹如江浙之繁荣，感叹写道："极目帆樯林立处，规模似否浙东西。"

在大桥建成后的几百年里，先后经历了明万历二十八年（1600年）、清光绪十六年（1890年）、1959年等多次大修。得益于巧妙的构造、精良的建造工艺和多次的修缮，在屡遭洪水冲击的情况下，大桥历经四百年依然屹立在琉璃河上，但桥两端的牌坊、神祠已不见了踪影，镇水的铁杆、镌刻工匠数量的望柱也难寻旧迹。时至今日，汽车、火车等新交通工具的出现，替代了人力马车等传统交通工具，也让北京众多古桥失去了通行的功能。为了适应新交通的需求，古老的琉璃河大桥桥面曾一度"披上"了沥青。但在新的时代，其所承载的历史显然要比简单的通行功能更为重要，2002年桥面上铺了几十年的沥青被清除，一年后一座现代化公路桥在古桥西侧建立。经过多次修缮的大桥逐渐恢复了历史原貌，2013年琉璃河大桥被列为第七批全国重点文物保护单位。

如今，历经486年的古桥依旧巍然耸立，坚固如初。拱券正中尚保留有精美的兽头，却难掩岁月的斑驳，栏板海棠清晰可辨，却已褪去了昔日的华彩。条石被岁月磨蚀了棱角，石缝间长满了荒草，桥面上留下累累印痕……桥下流水潺潺，古桥无声，却不知见证了多少代人的步履匆匆。虽已不复当年的辉煌，却依然静静地伫立，承载着历史的厚重，连接着过去与未来，既记载了历史，自己也成为了故事……（图3-44～图3-46）

图3-44　琉璃河大桥主体结构

---

① 赵润东．琉璃河古镇史话［M］．北京：北京燕山出版社，2005．

图 3-45 琉璃河大桥桥面

图 3-46 琉璃河大桥拱券镇水兽

第四章
因漕而盛

"漂"来城市

"王者以民为天，而民以食为天。"[①] 粮食物资的供给是历朝历代建国立都后首要解决的问题。秦朝以关中咸阳为首都，建立起一个庞大的中央集权国家。人口的急剧增长使都城供给逐渐成为一个突出的问题，关中虽富，但毕竟区域狭小，难以承担国都巨大的物资所需[②]。为解决都城粮食所需和军事需求，秦朝时已开始利用河道，从农业发达的地区征集并运送粮食。汉代时，长安、洛阳等城市扩展迅速，频繁的物资运输使漕运逐渐成为一种制度。此后曹操东征乌桓"凿平虏渠"以潜粮；隋炀帝"发河南诸郡男女百余万"开凿隋唐大运河（图4-1）；宋朝时开漕运四渠（汴河、蔡河、金水河、广济河）以通京都。历朝历代都将疏浚河道、保证都城物资供给作为巩固国家根基的一项重要措施，漕运也成为历朝历代的一项军国大事。而作为著名历史古都的北京，由西周时

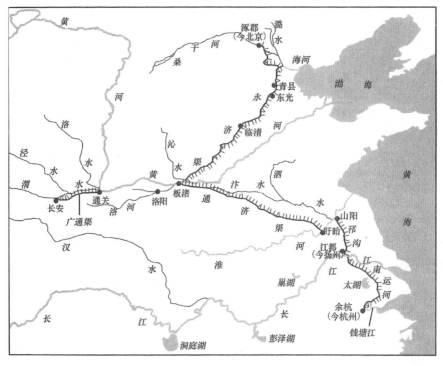

图4-1　隋代南北大运河

————————

① 司马迁. 史记·汉书·郦生陆贾列传［M］. 北京：中华书局，1973.

② 江太新，苏金玉. 中华文明史话：漕运史话［M］. 北京：中国大百科全书出版社，2000.

一个小的诸侯都邑，到明清时发展成一座大型都市，其成长、壮大和繁荣也与漕运有着千丝万缕的联系。无论是城池营建和修缮，还是宫廷的消费、官员的俸禄、军队的粮饷和百姓日用所需，皆依靠漕运解决[①]。老北京民间有一句俗语"北京是漂来的城市"，即表明了这座城市和漕运之间的渊源。

北京地处华北平原北部，北有群山险要，南临平原腹地，地理位置十分优越。早在商周时期，周武王封黄帝之后于北京中部，谓之蓟。《礼记·乐记》载："武王克殷返商，未及下车而封黄帝之后于蓟。"后封召公于北京西南部（今房山区的琉璃河镇），谓之燕（图4-2）；封尧之后人于北京中部，谓之蓟，故北京又称燕蓟之地。秦代设北京为蓟县，为广阳郡郡治，魏晋南北朝在此亦设幽州。隋唐时期，北京已成为北控东北、东征高丽的军事重镇。由于地区人口众多，并驻有大量军队，隋唐时就已经开始利用运河向北京地区运送部分粮食物资，以保证人口和军队供给，但此时的漕运尚未形成规模，运输时常间断。

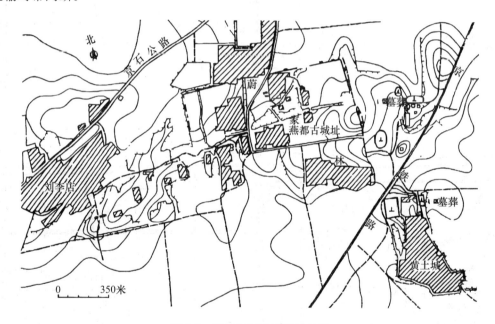

图 4-2　琉璃河西周燕都城址图

北京地区漕运物资规模化的运输可追溯到辽代。辽代时，北京是辽国的陪都，称为"南京城"（图4-3）。南京城是辽对抗宋的军事重镇，常年驻扎着大量军队，为保证物资供应，萧太后主持开凿了一条西起南京城、东至潞河的人工运河，即后来的萧太后河。这是北京地区最早开凿的漕运河道，也是北京大规模漕运的开端。1125年金灭辽，1153年金海陵王完颜亮迁都南京城，改称"金中都"。此时，北京由一个区域性城市，一跃成为华北重要的军事、经济和文化中心。金代的北京较辽时更加兴盛，但同样也面临着物资给养问题。金国疆域辽阔，覆盖华北地区以及秦岭、淮河以北的华中地区。为

———————————
① 杨进怀，马东春. 北京水文化遗产辑录［M］. 武汉：长江出版社，2015.

保证北京的物资供应，金代从山东、河北一带征集粮食物资，经淮河以北的水路转运至通州。粮饷运至通州后，大部分只能陆运至都城。虽只有四五十千米路程，但道路险阻，甚是不便。为了使物资能够从通州顺畅地运输至中都，金政权先后数次开凿疏浚河道。

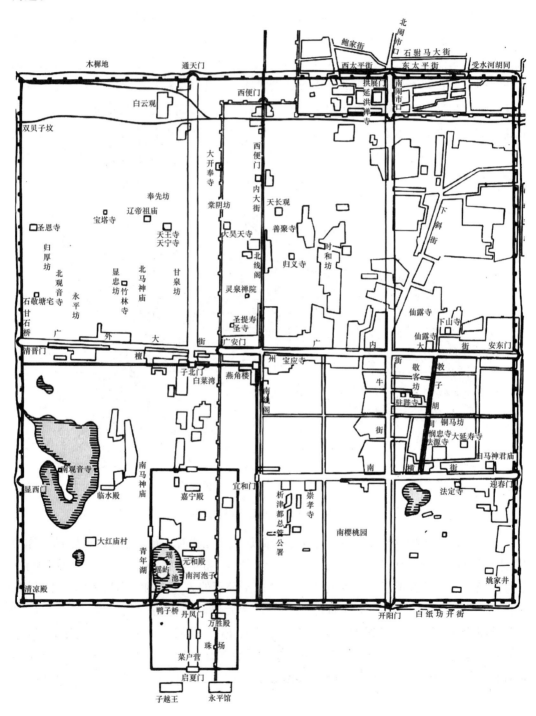

图 4-3　辽南京城复原示意图

　　金初，朝廷开凿河道，自白莲潭（今什刹海和北海、中海）北部引水，东至通州潞河，即今天的坝河。水源水量有限，坝河最终被废弃。大定十一年（1171 年），金世宗命人开凿金口河，自永定河左岸金口引水，东至中都北护城河，再自北护城河向东开凿运河至通州，沿河建闸六座，河道被称为"闸河"（图 4-4）。因永定河水质浑浊，运河淤积不能行舟，最终永定河金口被封堵，闸河废弃。金章宗泰和年间（1201—1208年），金以高粱河引瓮山泊水入白莲潭，再自白莲潭接济闸河。河道开通后，漕运的效果并不理想，闸河时断时通。金代为解决中都漕运问题，劳师动众、费尽心思，始终也未能解决中都至通州的漕运问题。随着大蒙古国的崛起，金朝很快结束了短暂的统治。北京迎来了新的主人，也开启了其辉煌的时代。

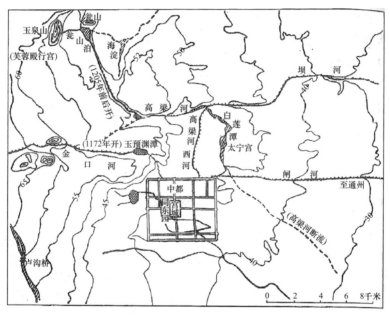

图 4-4　金中都城宫苑水系与主要灌溉渠道

　　大蒙古国首领忽必烈灭西夏、金和南宋后，于 1271 年建立元朝。元朝疆域辽阔，东起日本海，南抵南海，西至天山，北达贝加尔湖，史称"东尽辽左西极流沙，北逾阴山南越海表，汉唐极盛之时不及也"[①]，可谓当之无愧的强盛帝国。雄厚的国力及粗犷的民族性格，使得元朝在都城及漕运建设上，展现出了前所未有的魄力。元朝定都北京，由于中都城破败、水源匮乏，元太祖忽必烈命人在中都东北部白莲潭处新建都城，史称"元大都"。元大都规模宏大，周长 28.6 千米，面积约 50 平方千米。随着元朝的兴盛，都城人口日渐增多，至元惠宗时期，人口已达百万。由于南方物产丰盈，大都城所需物资主要依赖南方供给。为解决南北漕运问题，元朝重新疏浚了隋唐大运河（图 4-5）。同时，在通州和大都城之间，疏浚开通通惠河和坝河，使通州的物资可经水路运至都城内，这样江南的物资从南方可以直接运抵大都城。

---

　　① 宋濂 . 元史：志第十 · 地理一［M］. 北京：中华书局，2016.

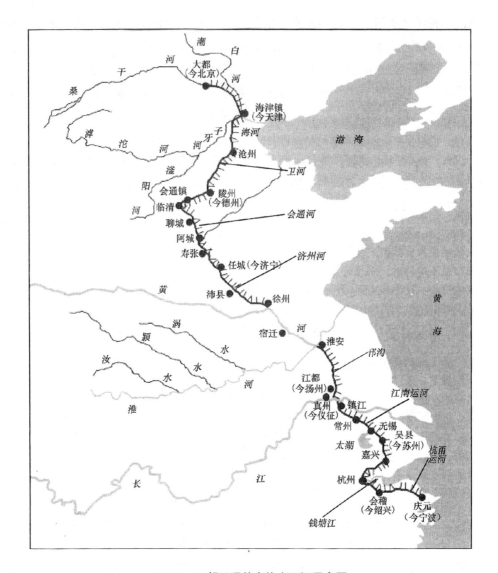

图 4-5　元朝开通的京杭大运河示意图

在元朝打通南北航运的过程中，通惠河的开凿尤其重要。在通惠河开凿以前，南方的物资经大运河，大部分只能运至通州，再经过通州陆运至大都城，但通州到大都之间的路途艰阻。元太祖忽必烈将这一难题交给了极具天分的科学家郭守敬。郭守敬先是重新启用金代开凿的金口河，利用永定河"上输西山之石，下济京师之漕"。但由于永定河水性浑浊，经常淤塞航道，济漕的效果不突出，但重开的金口河倒是为大都城的建设运来了源源不断的木材①。至元二十九年（1292 年），郭守敬重新疏浚金代闸河，改称"通惠河"，并于通州张家湾处与潞河连通。为解决通惠河水源问题，郭守敬引昌平区白浮泉水，以高梁河导引至积水潭，保证了通惠河稳定充沛的水源，通州的漕船可经通惠

①　杨进怀，马东春 . 北京水文化遗产辑录［M］. 武汉：长江出版社，2015.

河直达大都城内积水潭（图4-6）。

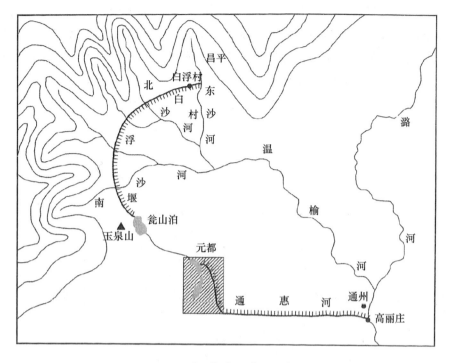

图 4-6　白浮堰与通惠河示意图

通惠河开凿以后，元朝粮食物资可通过海运和河运两条通道运抵都城，形成海河结合的漕运格局。其中，京杭运河每年平均运粮约30万石，规模最大时可高达八九十万石；而海运的规模较河运更为大些，年运量均在百万石以上。南来的粮船由经两条水运通道，最后皆可抵达通州，经通惠河和坝河进入积水潭。积水潭也因船舶的聚集而兴盛一时，两岸遍布歌台酒馆和各种商市，如米市、面市、帽市、缎子市、皮帽市、金银珠宝市、铁器市、鹅鸭市等，都城百官俸粮、军队给养、百姓日用百货，无不取之于此。漕运通道成为元大都的经济命脉，为大都城源源不断地输送物资给养，将全国各地物产汇聚一城，使之成为当时世界上最雄伟、最华丽、最繁荣的城市之一（图4-7）。

明清时期经济进一步发展，南北经济文化交流更加频繁，北京对于漕运的依赖也进一步加强。京城所需物资，上至宫殿建材，下至粮饷布匹，无不经漕运由南方征集而来。和元代的漕运相比，明清时期漕运模式有所变化。明清政府实行海禁政策，沟通南北的京杭大运河成了主要的漕运渠道，而漕运的路线基本沿袭元代。历史记载，明成祖决定迁都北京后，"分遣大臣采木于四川、江西、湖广、浙江、山西，建筑北京宫殿"[①]。南方各地采伐的木材，经各地内河渠道运至大运河，再经大运河到张家湾。明初通惠河淤塞不通，南方运来的木材只能存储于张家湾，逐渐形成了今天的张家湾镇皇木厂村。修建皇家建筑所需要的砖石建材，在南方烧制后，也经大运河运至通州存储，再经陆路

---

① 张廷玉．明史：卷一［M］．北京：中华书局，1974．

运至京城。明朝万历年间来华传教士利玛窦在《利玛窦中国札记》中写道："经由运河进入皇城，他们为皇宫建筑运来了大量木材、梁、柱和平板……供皇宫所用的砖可能是由大船从2414千米之外运来的。仅是为此就使用了很多船只，日夜不断运行。沿途可以看到大量建筑材料，不仅足以建筑一座皇宫，而且还能建成整个的村镇。"[①] 整个明清时期，漕运对于北京城的建设起着至关重要的作用，从宫殿皇城到遍布城乡的寺宇、园林、王府、陵寝、仓场、坊库、衙署、馆驿，再到清代修建的"三山五园"，这些皇家建筑所用的砖木建材几乎都与漕运有着关联（图4-8）。

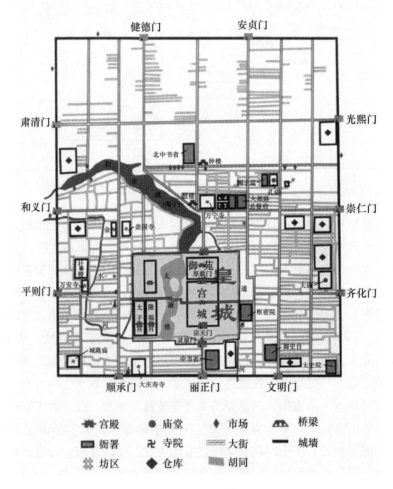

图 4-7　元大都平面复原图

① 利玛窦，金尼阁. 利玛窦中国札记［M］. 北京：中华书局，2010.

图 4-8　乾隆年间大运河上的景色

　　不过漕运的主要功能还是为都城运送粮食，"京师根本重地，官兵军役，咸仰给予东南数百万之漕运"[1]。明清时期，每年由京杭大运河运送到京的粮食多达 400 万石。明宣德年间，运额量最高达 674 万石。为储藏南方运来的粮食，保证都城各机构的运转，朝廷在北京和通州修建了规模巨大的仓厫，数量达几十座，至今北京东城区还有几座遗留的粮仓遗址，如南新仓、北新仓、禄米仓等（图 4-9）。除了运送粮食、建材外，北京百姓生活所需的日用品，如盐、廪、布匹、香料等，也经由大运河运送，特别是布匹等物资。明清时纺织中心和丝织中心皆在南方，京城所用绸、缎、纱、罗、布匹等均由南方供给，每年都有数十万匹棉布和丝织品沿运河北上京师。运河上的漕运船只年均在万艘以上，随船押运的士兵也有 10 万多人，来往的商船、商人不计其数。

图 4-9　南新仓和禄米仓遗址

---

①　贺长龄 . 清经世文编 ［M］. 北京：中华书局，1992.

漕运的发达带来了京师的繁荣，也加快了南北经济文化的融通。随同运河流动的不仅有各式各样的货物，还有形形色色的船客：随船而行的商人、进京赶考的学子、出京就职的官员、进京朝贡的使臣、南北往来的工匠艺人……频繁的物质和人员流动促进了艺术思想的传播，加速了南北生活方式和社会习俗的交流融汇。漕运的发达既将京城文化流传到全国各地，也使北京吸收各地文化元素，形成兼容并蓄、引领潮流的京味文化，如京剧、京味小吃等[①]。

清末，随着近代交通运输的兴起，漕运逐渐被效率更高的铁路取代。同时因太平天国运动和捻军起义，江淮流域被太平天国占领，这些区域过去一直是清政府重要的漕粮征集地，清政府漕运的喉咙被掐断，这也进一步加速了漕运的衰亡。清光绪二十七年（1901 年），漕粮改征折色（折现银），漕运废止，运行几千年的漕运由此退出中国的历史舞台。

历史虽已经远去，但漕运对于北京的影响，却已经深入这座城市的骨髓：无论是巍峨的皇城、富丽堂皇的寺宇园林、融汇地方戏曲的京剧、汇聚南北的特色小吃，还是老北京的"一砖一瓦，一箫一曲"等，都与漕运有着千丝万缕的联系，这座城市与漕运的故事永远说不完，道不尽。

今天的北京城拥有全国最密集的铁路和公路，四通八达的交通通往全国各个乡区县市。古老的漕运对于今天的北京已经不合时宜。除了江淮、山东等地还有断断续续的河道，大运河绝大部分河流都已埋没在历史的风尘之中。在北京辽至元代开凿的萧太后河、坝河、通惠河虽有保留，但大多境况不佳。但是，随着"京津冀一体化""北京城市副中心——通州"的建设，这些承载城市文化历史的遗迹再次受到前所未有的关注，漕运河道保护被列入通州区城市重点规划之中，大量漕运文物古迹保护研究相继开展。同时在通州运河沿线，环球影城、张家湾小镇、大运河森林公园等一大批文旅景区正在迅速发展，文旅经济赋予了这条古老河流新的活力和生机，往昔帆樯林立、舳舻蔽日的运河盛景将跃然重视，新的时代，新的形式，北京的"漕运故事"没有中止，还在延继续……

---

① 吴文涛. 大运河对北京的历史文化意义［J］. 前线，2014（11）：53-55.

通济之州

通州在华北地区的地位历来重要，素来就有"一京（北京）、二卫（天津）、三通州"的说法。将通州和北方最重要的两座城市相提并论，其重要性可见一斑。

通州位于北京市东南部、京杭大运河北端，地处北京长安街延长线的东端，既是北京向东通往渤海的必经之地，也是古代北京通往山海关的要道——"京榆大道"的必经之所（图 4-10）。

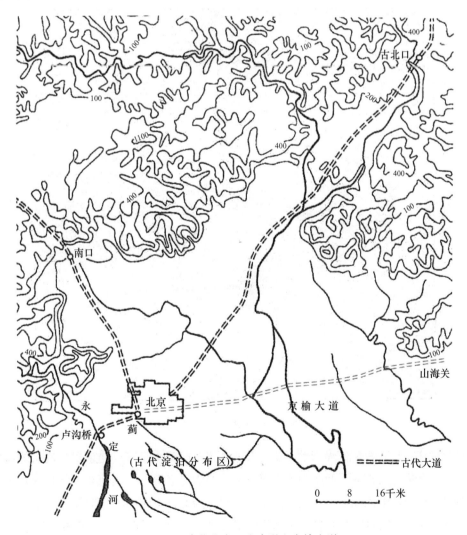

图 4-10 古代北京四大古道之京榆大道

　　春秋战国时期，通州归属燕国，随着朝代更迭，曾几易其名。自金代以后，北京成为重要的政治经济中心，通州的门户作用也就变得越来越重要。崇祯二年（1629年）后金军队借道蒙古（兀良哈蒙古），进犯京师，明思宗朱由检急召孙承宗，据守通州，打退入侵的后金军。孙承宗又乘胜出师经略关东，收复失地100多千米，是明末抗金的重要战役。而通州对北京的意义不仅体现在军事价值上，还体现在京师漕运上。

　　大自然的鬼斧神工造就了高耸的群山、平坦的平原，也造就了高低不一的地势。有高低不平的地势，就会有流淌的河水、漂动的行船。有来往穿梭的行船，就会有流通聚散的漕运，而通州正是一座因"漕"而兴的城市。通州位于北京东侧，地势远低于北京，几条流经北京都城的河流，皆经此向东南流去，通州由此成为进出京城的水路通道（图4-11）。

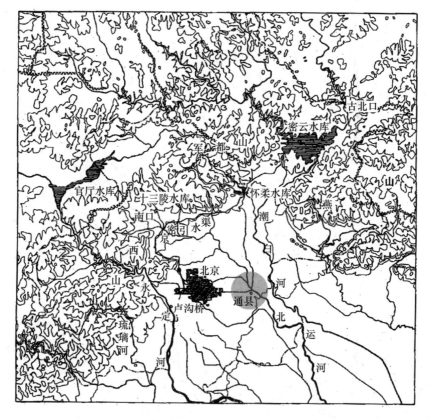

图4-11　通州位置示意图

　　早在辽代，辽政权就依靠天然河道，开凿了连接陪都南京（今北京）与通州的萧太后河。其后，金代先后打通了两条为北京提供补给的漕运水道——闸河与坝河，这几条运河皆以通州为终点，汇入北运河，由此奠定了通州作为北京水路的枢纽地位（图4-12）。

　　13世纪，大蒙古国首领忽必烈率领铁骑横扫中原后，建立了大都城。为解决大都城给养问题，元代科学家郭守敬在金代闸河的基础上开凿了通惠河，在通州张家湾汇入北运河。南方的漕船经过内河或海运到达通州后，再经通惠河就可以直接驶入大都城。通畅的漕运既保障了元大都物资供给，也为通州地区带来了新的生机（图4-13）。

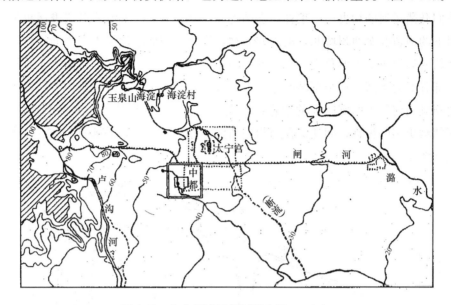

图 4-12　金中都城近郊河渠水道——闸河

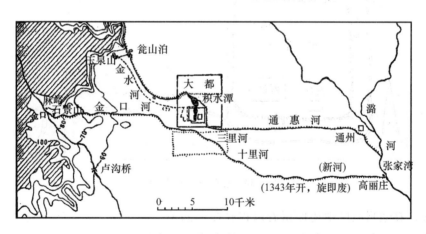

图 4-13　元大都城通惠河源流图

这种生机不仅体现在繁忙的漕运河道上，也体现在区域城镇上，特别是京东古镇张家湾。张家湾位于通州城南7.5千米，建于元代，是大运河北起点上重要的水陆交通枢纽和物流集散中心，有"大运河第一码头"之称。传说当年朝廷委托朱清、张宣为大都城运送粮食，二人指挥着庞大运粮船队由天津驶入白河，逆流而上向北试航，最后一直驶到水浅无法航行之处，才抛锚停航，卸粮装车，此处距元大都只需一天路程。此后，南来北往的客货商船皆在此换车换船，这里迅速成为一个繁华的商业区。朝廷为了嘉奖张宣、朱清，封他们为万户侯，并将这个码头命名为"张家湾"，其后郭守敬在此将通惠河与北运河相连，使船只可直接行至大都城。

明成祖朱棣迁都北京后，元代开凿的通惠河被沿用，运河上船只来往，较元代更加繁忙，运河上的货物也更加多样，不过漕运货物的运输始终离不开一个主题，这也是历代帝王们开凿运河的初衷——粮食。嘉靖七年（1528年），御史吴仲疏浚通惠河，将普济闸以下的河道改至通州城北，汇入北运河，通州城因此取代了张家湾的地位，成为通州地区新的运河码头。明代时，自江南运来的粮食运抵通州后，一般会分为两部分运送，一部分经通惠河运送至京城粮仓，另一部分则会暂存在通州城。为了储藏大量的粮食，通州城内建起了两座巨大的粮仓：中仓、东仓（隆庆年间东仓并入中仓），正统年间为了储藏更多的粮食，朝廷又在通州城西南扩建了周长3.5千米的新城，城内建南仓和西仓（图4-14）。

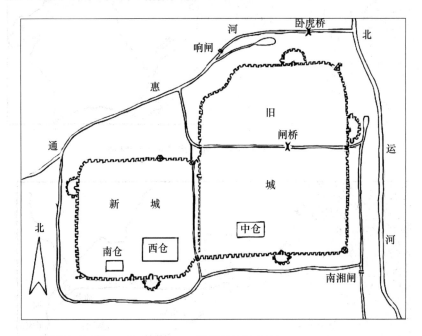

图4-14　通州城池示意图

如今，在通州城区中还保留着以粮仓命名的地名：中仓小区、后南仓小区、新仓路、中仓路……其中，中仓小区基本上是在明清中仓旧址上兴建的，小区南起西顺城街，北抵新华大街，周长达1.5千米，区域很大，不过这还仅仅属于原中仓的一部分，由此也可以窥见粮仓的庞大。史载："国家岁入东南漕运四百万石，析十之三贮于通仓。"[1]

旧时，通州几乎与粮仓等同，通州也因储藏仓粮而凸显其政治、军事地位。明正统十四年"土木堡之变"后，瓦剌入侵北京，当时存储京师粮饷的通州成为瓦剌垂涎之地。因通州粮食储量巨大，短期内无法将其运到北京，有人担心被瓦剌掠走，主张将这些粮食烧毁。当时的兵部尚书于谦并没有采取此策，而是动员全城百姓和官兵自备车辆

① 于敏中.日下旧闻考：卷一百七［M］.北京：北京古籍出版社，1981.

前往通州运粮，并下令官兵可以前去通州预支半年粮饷。在其督促下，运粮队伍川流不息，昼夜往返。不几天工夫，就把通州的几百万石粮食运回京城，从而为京城保卫战奠定了重要的物资基础，由此也可以看出通州对于北京的地位非同一般。

通州的码头边不仅有运送粮食的漕船，还有满载货物的各类商船，这些商船运载的商品中，既有南方运来的盐、茶、丝绸，也有来自北方的皮货、竹木、煤炭，甚至还有少量来自英国的布匹。《潞河督运图》是清代画家江萱于乾隆年间绘制的著名长卷，画面生动地再现了乾隆年间通州运河码头的繁盛景象：运河上穿梭着各类商船、货船、渔船，两岸码头店铺、衙署、仓廒、寺庙错落有致，沿岸遍布各种行人，有船夫纤夫、行商坐贾、叫卖摊贩、督粮官员……（图4-15），如同清明上河图，生动地呈现了通州码头繁忙的历史景象。

图 4-15 潞河督运图（局部）

商品的流通在便利南北的同时，也为通州人带来了更多的机会和选择。通州城内许多百姓的房子前面开设店铺或作坊，后面住家，工商业非常兴旺。城内店铺1500多家，商贾云集、市肆繁荣[①]。

明万历四十八年（1620年），朝鲜使者出使中国，在前往北京时途经通州，将自己的所见所闻记录了下来："余见辽东人民物贸之盛，以为忧无比，比及到山海关，则辽东真如河伯之秋水，以为天下殷富此为无敌。今见通州，则山海关又不啻山店贫村。其人居屋舍可以十万计，彩胜银幡令人夺目。帆樯满江。簇簇如藕……至于城中街市则绣堆金窟，左右炫眼……秦之说挥汗成雨，连衽成帷为过于夸张矣。于今始信其不诬也。忘轩李胄诗曰'通州天下胜，楼观出云霄。市积金陵货，江通扬子潮'可谓善形容也。"[②] 这些朝鲜使臣的见闻记录，充分展现了通州当年的富庶繁华，也使我们得以重温通州辉煌的历史。

滚滚的运河之水为通州带来了源源不断的财富，也深深地浸润并影响着通州人的精神生活。四通八达的运河及其支流水系改变了通州的地形地貌，也为通州塑造了一处处名胜景观：二水汇流、长桥映月、波分凤沼、万舟骈集……（图4-16）。南北往来的官员、进京赶考的学子、外国朝圣的使臣，在通州逗留的同时，为通州留下了一首首赞美

① 杜宏谋. 古韵通州 [M]. 北京：文物出版社，2006.
② 林基中. 燕行录全集：第十六卷 西征日录 [M]. 首尔：韩国东国大学出版部，2001.

的诗歌："漕艇贾舶如云集，万国鹈航满潞川""云光水色潞河秋，满径槐花感旧游"[①]……频繁的物资流通，促进了民俗经济的发展，也带来了民俗文化的繁盛：庙会、花会、高跷、旱船、赛龙舟、变戏法……

时光飞逝，斗转星移。随着现代交通的发展，漕运早已成为过去。今日通州古老的漕运河道虽依稀可见，但码头密集、船只往来、店铺林立的运河风光却已难寻旧影，运河歌谣、诗词传说等也黯然失色。城市需要记忆，情怀需要寄托，悠悠的运河既连接着通州的过往，又决定着这座古城的特色。任何当下的决定可能都会对城市的未来产生深远的影响，我们也应尽力在取舍之间，谱写好这座"通济之州"的漕运诗歌[②]。

(a)《古塔凌云》方砚　　　　(b)《二水汇流》方砚　　　　(c)《波分凤沼》方砚

图 4-16　通州八景之古塔凌云、二水汇流、波分凤沼

①　孙朝成 . 三千年选解三百首：中国传统诗词摘珍解妙 [M] . 北京：作家出版社，2015.
②　佚名 . "大地史诗"中国大运河 [J] . 华北国土资源，2014 (4)：35.

皇家码头

张家湾地处北京东南 30 千米，北距通州城 7.5 千米，古镇东有北运河，西临凉水河，同时还有两条重要的历史运河——萧太后河和通惠河在此交汇，张家湾因此成为一处"四水汇流"之地，史称"水路会要"。

自北京地区开始漕运起，张家湾就一直是重要的漕运枢纽和物资中转站。辽统和年间，萧太后主持开凿了北京地区第一条人工运河——萧太后河，萧太后河自辽南京（今北京）起，向东在张家湾处汇入北运河，使得辽国从辽东征集的粮食物资经白河运至张家湾后，可以直接运抵南京城（图 4-17）。不过至张家湾的漕粮一般都会卸留一部分，这是因为辽代时在张家湾北部建有马厂，每年都圈养着数千匹战马，需要大批粮草。同时，辽国贵族每年春季都会前往张家湾南部的延芳淀打猎，也需要充裕的物资供应[①]。漕粮的转运和存储促进了张家湾码头的形成，也让这个不毛之地逐渐有了生机。

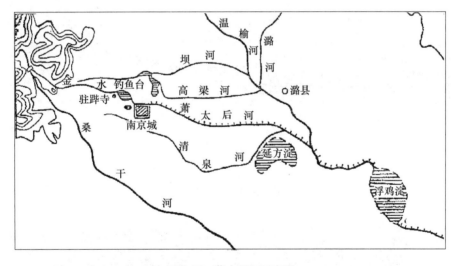

图 4-17　萧太后河示意图

元代以后，张宣、朱清押运粮船至张家湾，张家湾迅速成为一处繁忙的漕运码头和货物集散地，其名称"张家湾"也因张宣督运漕粮至此而得名。其后郭守敬在金代闸河的基础上修凿通惠河，也在张家湾汇入北运河，张家湾由此成为京杭运河北端的重要码头。至明清时，此处已形成一处颇具规模的市镇，店铺鳞次栉比，云集各地

---

① 周良．通州漕运［M］．北京：文化艺术出版社，2004.

客商。

漕运对于今天的张家湾已经成为历史，码头也已难寻旧迹，不过漕运在张家湾皇木厂村留下了鲜明的印记。走进皇木厂村，村头摆放着几块巨大的石块，石块色呈橙黄，颜色斑斓，图案丰富（图4-18）。据介绍这些石块被称为花斑石，是石材中的珍品，多产于南方，历史上一直为皇家所用，禁止民间私自开采。皇木厂村中心屹立着一株古槐树（图4-19），树干直径达1.6米，树龄达600多岁，树旁碑刻记载："永乐四年至嘉靖七年，北京皇家建筑所用的珍贵木材沿大运河运到此存储，管理官吏在木厂周围植槐，今仅余此株……"除花斑石、古槐外，就连"皇木厂"这个村名也和漕运相关。据说南方运来建设皇城的木头，运至张家湾时皆存于此，久而久之此处得名"皇木厂"。

图4-18　皇木厂村口的花斑石

图4-19　皇木厂古槐

　　永乐四年，朱棣下诏以南京皇宫（南京故宫）为蓝本，兴建北京皇宫和城垣。兴建宫殿、坛庙、陵墓和城垣需要大量的砖石、木材，这些营建材料皆需从南方搜集，并经大运河运抵北京（图 4-20）。由于连年战乱，元朝开凿的通惠河在明朝时已经淤塞，所以经由大运河运来的砖石、木材只能运至张家湾卸载暂存，再陆运至北京城[①]，同时运输的还有南方的粮食、食盐等物资。这些物资需在张家湾运河两岸存储后等待转运，因此形成了几个专用的皇家码头。为了方便管理储存，朝廷在此设立了大大小小的仓场，如皇木厂、砖厂、花斑石厂、盐厂、铁锚厂、江米店、国梁仓等，相应的管理机构也随之而生，包括大通关、巡检司、提举司等[②]。货物的集散带来了市场的繁荣，各类店铺、货栈、客店争相开业，各种餐馆、娱乐场所纷至沓来，使张家湾沿河一带白天弦歌船号相闻，入夜灯笼桅火争明[③]。四方贡使、进京学子、南来北往的商旅等，皆在此换乘。乘舟南下的人多以此为起点；转陆进京的人多乘船至此；而送客人出京的，须送至此地，才算尽地主之谊。

图 4-20　经由运河运来修建京城的皇木

　　嘉靖七年，御史吴仲主持疏浚通惠河，将通惠河普济闸以下的河道改由通州城北汇入北运河，漕运的重心也移至通州北的土坝和石坝，但张家湾依然还是重要的商运、客运码头，繁华依旧。明中期以后，残余势力时常入关抢劫，张家湾是重要的水路要会，建有京师粮仓，但地处平原，无险可守，所以朝廷为保卫漕运命脉，于明嘉靖四十三年（1564 年）在张家湾建造城池[②]。张家湾城经 3 个月建成。《日下旧闻考》中记载城垣：

①　柳笛. 漕运古镇张家湾［J］. 侨园，2015（9）：38.
②　北京市通州区政协文史资料委员会. 古韵通州［M］. 北京：文物出版社，2006.
③　叶永，志钢. 张家湾轶事［J］. 北京纪事，1998（2）：60-64.

"周九百五丈有奇，厚一丈一尺，高视厚加一丈，内外皆以砖。东南滨潞河，西北环以据。为门四，各冠以楼，又为便门一，水关三，而城之制悉备。中建屋若干楹，遇警则以贮运舟之粟。且以为避兵者之所舍，设守备一员，督军五百守之。而湾之人，南北之缙绅，中国四夷朝贡之使，岁漕之将士，下逮商贾贩佣，胥恃以无恐，至于京师，亦隐然有犄角之助矣。"① 城池东面、南面临水，城东有两桥通向城东码头，城南有一桥名为"运通桥"，通向京师。城内建有房屋若干，作为粮仓和军营使用。到康熙年间，已形成若干街区，有商舍 30 余家，其中当铺 3 家。

清朝末期，八国联军入侵北京，占据张家湾后到处烧杀抢掠，张家湾城池受到一定程度的破坏。抗日战争时期，日军占据张家湾，为修建碉堡，将部分城垣拆毁，几百年的古城就此毁于一旦。1949 年后，残存的城墙砖块成为村民盖房子的石料，在村民的"东拆西借"中，城墙进一步损毁。现古城仅存南面城楼（近年复建而成）和一段残破的半截城墙（图 4-21），其余三面城墙和城楼已无迹可寻。

随着古城一起衰败的还有张家湾的运河。清嘉庆七年（1802 年）2 月的一天，生活在张家湾的人们没有像往常一样看到漕船如期而至，就意识到运河可能又淤塞了。事实也确实如此，因大雨频降，北运河在张家湾北部决口，改道流进张家湾东侧的康家沟（今通州郝家府起，南至里二泗村东）。朝廷随后组织挑淤筑坝堵塞康家沟，重新疏浚张家湾运河，但此后几年运河又多次决口。嘉庆十三年（1808 年），运河决口重走康家沟，此时张家湾段的北运河淤塞严重，成为涓涓细流，再无复浚的可能。朝廷因势利导，漕船改道由康家沟北上行驶，原张家湾运河因此废止，从此张家湾再也看不到漕船的身影②。

图 4-21 南面城楼和运通桥

---

① 于敏中 . 日下旧闻考：卷一百十 [M] . 北京：北京古籍出版社，1981.
② 周良 . 通州漕运 [M] . 北京：文化艺术出版社，2004.

　　张家湾从无到有，从有到盛，从盛到衰，古镇的发展变化离不开漕运的变迁。运河孕育了古镇，赋予了它繁华的历史记忆。如今漕运的功能已经离张家湾远去，只剩下历史风云中的码头身影。但幸运的是文化的延续正在接力，运河文化已成为张家湾城镇文化可持续发展的主力，流经古镇的萧太后河、通惠河等河道正在加紧整治，各种文化旅游项目正在建设……张家湾的运河之水还在流淌，搁浅在张家湾的"运河之船"也正在重新扬帆起航。

土坝石坝

秋天是丰收的季节，也是古时江南征收漕粮的时节。元朝定都北京后，为保证大都城粮草供应，元政权明确规定了漕运行程的期限。江南粮食的征收一般在每年10月开始，征收后进行装载，12月沿大运河北上，第二年2月到达淮安，3月至山东，4月至通州①。漕粮运至通州张家湾，再经转运至大都城。通州作为北京漕运的港口，境内有北运河、通惠河、坝河等多条运河，河道两岸码头密布，其中有两处最为核心的码头，一处为张家湾码头，另一处为土坝、石坝码头。

相比于世人熟知的张家湾码头，土坝、石坝码头鲜为人知，不过这并不能掩盖住这处古码头昔日的光辉。古时通州有民谣："穷南关，富北关，吃吃喝喝是东关。"其中的"富北关"即是土坝、石坝码头所在地。

土坝、石坝码头和张家湾码头是通州最重要的码头，两处码头并非建于同一时代，张家湾码头比起土坝、石坝码头要更早一些。张家湾漕运始于辽金时期，其后随着萧太后河、通惠河在这里汇集，其漕运码头和水利枢纽的地位得到进一步强化。元末明初，通惠河逐渐淤塞，自南方运来的物资只能运抵至张家湾，再陆路转运至京城，张家湾随之成为各种物资的集散地，繁盛一时（图4-22）。

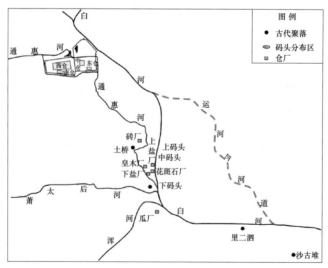

图4-22　明初至嘉靖七年（1528年）通州运河水系格局与码头分布

---

① 顾翔，戴波，邓建永，等.中国大运河［J］.中国电视（纪录），2014（9）：2.

由于张家湾至京城的陆路艰辛，开销极大，明代仍然不遗余力地疏浚通惠河。明嘉靖六年，直隶监察御史吴仲上奏重开通惠河，获批后，吴仲吸取了以前工程失败的经验，在通惠河水源上游广收北山、西山诸泉水，又拦截沙河、温榆河水，使水势增大，保证运河有充足的水量[①]，同时以大通桥为起点，沿运河向东整治河道，至普济闸时，放弃了元代通向通州城南的河道，打通了元代淤塞的通州城北闸旧河道，使通惠河在通州城北直接汇入北运河[②]。为保证有足够的水量行驶漕船，吴仲将元代24闸改为五闸二坝，实行驳运制，每闸处设置搬运处，配备驳船，让下游粮船沿河道逐段向上递运（图4-23）。此次河道整治工程较为成功，此后通惠河航道一直畅通无阻，这种状况一直延续到清末[③]。

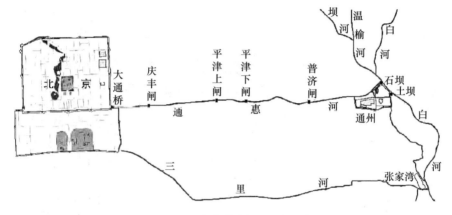

图4-23　明代通惠河及五闸二坝

此次通惠河改道既保证了漕运的顺畅，同时也带来了漕运码头的变化。改道后的通惠河在通州城北直接汇入北运河，南来的漕船行至张家湾时不必再停船靠岸，可沿北运河直抵通州城。吴仲在改造通惠河的同时，在下游河口处修筑了两处堤坝码头，用来卸运漕粮，这两处码头便是土坝、石坝码头（图4-24）。

石坝码头位于通州旧城北门外，西靠通惠河末端河道葫芦湖，东面北运河，北临通惠河泄洪河道。码头为条石砌成，由此得名"石坝码头"。码头长约60丈，宽约11丈，砌台阶108步，台阶延伸至北运河，以方便漕船驳岸。土坝码头位于通州旧城东门外、北运河西岸（今东关大桥西段以北的土坝街），以木排桩挡土夯筑而成，结构和石坝完全不同。排桩挡土岸既防河水冲刷，又便于漕船靠岸卸粮。嘉靖年间《通州志略》记载："土坝一处，在州东城角防御外河。通仓粮米就此起载。"[④]两处码头位置和结构有很大的不同，在功能上也有明确的分工。石坝码头主要是接受南方应征来的漕粮，多为

① 施存龙. 明代北京通州港和运河 [J]. 水运科学研究, 2008 (3): 42-48.

② 陈喜波, 韩光辉. 明清北京通州运河水系变化与码头迁移研究 [J]. 中国历史地理论丛, 2013 (1): 107-116.

③ 蔡蕃. 北京通惠河考 [J]. 中原地理研究, 1985 (1): 49-57.

④ 刘宗永. 北京旧志汇刊·（嘉靖）通州志略: 第3册 [M]. 北京: 中国书店出版社, 2007.

质地较粗糙的白米，也称"军粮"，供作骑兵军饷、旗人俸米。漕船在石坝停岸后，由脚夫将粮食搬运上岸后，再运至葫芦湖中的驳船上，经通惠河驳运至京仓存储。土坝为皇粮码头，主要接受由其他税项征收改兑而来的漕粮，这类漕粮多为质地精细的白米，也称"白粮"，主要供应朝廷和军官需用①。白粮由土坝码头验收后再转运通州城内的专用皇仓——南仓、中仓和西仓。转运线路有两条，最初漕粮自土坝卸载后，自通州城东门入城，经过东大街、北大街运至通州各仓，另一条是万历年间开通的水路——通州护城河。粮食被搬运至码头之南的护城河北端驳船上，经由通州东护城河和南护城河运至大运中仓和大运西仓②。土坝卸载的粮食存至通州各仓后，后期再陆路运至京城，这样就与通惠河上运送的漕粮形成"水陆并进"的格局。

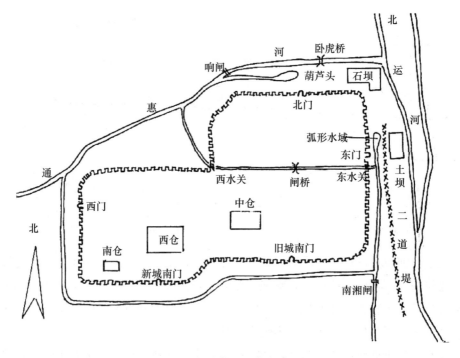

图 4-24　土坝、石坝示意图

土坝、石坝码头基本承担了明清时漕粮转运的任务。明成化年间朝廷征收的漕粮固定额为 400 万石，其中正兑粮米 330 万石，经石坝转运；改兑粮 70 万石，经土坝转运。石坝"每日行粮三万石"，而"土坝半之"②。其后清代漕运规模也基本与此相同，道光之后，略有减少。为保证漕粮的正常运转，明清时朝廷设立了相关官员，专管通州漕粮事宜。两处码头上建有诸多仓房，以保证漕粮转运。如石坝上建有一座大光楼，俗称"验粮楼"，为验粮官员休息处，大光楼以北建有督储馆和祭祀吴仲等人的崇报祠。土坝、石坝上还建有号房和袋厂，号房主要用来暂时储存漕粮，袋厂主要提供粮袋，以便

①　北京市通州区政协文史资料委员会. 古韵通州［M］. 北京：文物出版社，2006.

②　陈喜波，邓辉. 明清北京通州城漕运码头与运河漕运之关系［J］. 中国历史地理论丛，2016（2）：69-77.

装运漕粮入京。土坝、石坝码头上，每天都有众多装卸漕粮的搬运夫，最多时达 5000
人，这些人皆为临时雇用，忙时聚集在码头各口，听候"把头"差遣分派①。码头周边
则遍布各种小吃摊铺、茶肆、酒馆，专供码头各类人群等。

漕运的兴盛还催生了其他码头的兴建，最出名的则是皇木码头和金砖码头，对应的
就是皇木厂和砖厂。自嘉靖年间通惠河改道后，通州城取代了张家湾成为北运河新的水
运枢纽。京城宫殿、园囿、陵墓建设所用的皇木、金砖不再存储在张家湾，而是直接运
至通州北关存放，这样在通州北关就出现一个新的皇木厂和金砖厂，与张家湾的皇木
厂、砖厂同名。

在土坝以南的河沿还分布着若干码头，主要为民用的客货码头。明代时，为避免商
船、民船和漕船争抢河道码头，土坝码头南百米外专门立有一个黄色亭子，作为漕运和客
货船泊岸的分界线。亭内立碑，碑文上明确规定凡客货船只能在黄亭子以南靠岸装卸，一
律不得越过黄亭子北上。黄亭子以南的码头主要为货运码头和客运码头，其中货运码头在
今东关大桥的运河西岸，长约 1000 米，凡由南方各省运来的麦、稻、杂粮商船，皆在此
靠岸卸载，码头周边也开设了多家麦子店，专门进行代贮、经营粮食业务②。

在货运码头南侧为客运码头，在今小圣庙村至大棚村一带，因小圣庙内供奉有潞水
河神，来往船只经过此地时，皆下船上香，以祈求平安，久而久之形成了小圣庙客运码
头，并演变成小圣庙村落。因大棚村内有关帝庙，来往船客皆在此上香饮茶，等待车
船，由此逐步形成了大棚村客运码头③。

土坝、石坝码头及散布在运河两岸的码头，为运河上南来北往的货物集散提供了便利
的条件，也给通州带来了活力和繁荣。每至春暖花开、冰融河开之际，来自南方的漕运船
只，便浩浩荡荡地如期而至，沉寂了一个冬天的土坝、石坝码头也随之迎来了喧闹的时
节。大大小小的船只首尾相继，等待靠岸卸载，码头上的搬运夫来来往往，忙得热火朝
天。随同漕船而来的还有大大小小的商船、货船，运载着南方各省的百货、建材、商客，
挤满了运河沿岸的各个码头，促进了通州的繁荣发展。《长安客话·潞河》中记载："自潞
河南至长店四十里，水势环曲，官船客舫，漕运舟楫，骈集于此。弦唱相闻，最称
繁盛。"④

漕运的繁盛一直持续到清末，随着漕政腐败，河况日下。咸丰年间，太平天国军将
大运河截断，漕运一度中止，其后八国联军侵华，又给漕运造成一定的损害，在天灾人
祸等各种因素作用下，京杭漕运不可避免地走向了衰败。不过由于海运的发展，通州码
头在航运中仍然发挥着重要作用⑤。直至民国年间，北运河停漕，土坝、石坝码头漕运
功能才丧失，运河沿岸的码头也随之衰败。

---

① 陈日光. 水陆要埠：通州码头 [J]. 北京工商管理，1996 (12)：36-37.
② 北京市通州区政协文史资料委员会. 古韵通州 [M]. 北京：文物出版社，2006.
③ 周良，等. 通州漕运 [M]. 北京：文化艺术出版社，2004.
④ 蒋一葵. 长安客话 [M]. 北京：北京古籍出版社，1982.
⑤ 施存龙. 清代北京通州港 [J]. 水运科学研究，2009 (1)：52-57.

近代时，随着城镇的发展，通州漕运码头多被掩埋毁坏，遗迹大多已不可寻。今天，石坝码头已荡然无存，原址上有一处新建的石坝遗址公园和大光楼，码头西侧的葫芦湖成为一处杂草丛生的荒坑（图 4-26）。土坝原址已成为居民区，而土坝、石坝上下的其他码头，也仅剩下了皇木厂、金砖厂、小圣庙等地名。

(a) 大观楼　　　　　　　　　　　(b) 西海子葫芦头

图 4-25　今大观楼和西海子葫芦头

水利"专家"

北京作为中国历史古都，拥有灿烂辉煌的城市文明，这个城市的兴盛和繁荣很大程度上得益于其完美的水利体系。而提起北京的水利体系，则不得不提起一个伟大的科学家郭守敬。

郭守敬是著名的元代水利专家，但其在天文、地理、数学、水利、历法等方面均有非常高的造诣。曾任职太史令、昭文馆大学士、知太史院事，他在86年的人生岁月里，先后完成西夏治水、《授时历》修订、大都治水，及《推步》《立成》等14种天文历法著作，在水利、历法、仪象等方面，对后世产生了深远的影响。后人总结郭守敬的学问"不可及者有三"：水利之学、历数之学、仪象制度之学①，也就是说郭守敬在水利、历法、制作仪器三方面无人能及。

郭守敬出生于金哀宗正大八年（1231年），出生地位于顺德府邢台县（今河北省邢台市），当时没有人会想到在几百年后人们还会铭记他。1970年，国际天文学会将月球上的一座环形山命名为"郭守敬环形山"。1977年3月，国际小行星中心将小行星2012命名为"郭守敬小行星"（图4-26）。

郭守敬从小随着他祖父郭荣长大，父母已无从考证。郭荣家学深厚，精通五经，熟知天文、算学，擅长水利技术，在郭荣的教养下，郭守敬从小勤奋好学，在小的时候就显露出与其他孩子不一样的禀赋。在别的孩子还在玩游戏的时候，他就已经有了自己的志趣，养成了很强的动手能力②。郭荣曾将郭守敬送到自己好友刘秉忠门下深造，1251年元世祖忽必烈召刘秉忠回大都，他把郭守敬介绍给了同窗张文谦，郭守敬的"舞台"也由此拉开序幕。

图4-26　郭守敬像

郭守敬成年后，不久就迎来自己第一份重要的差事，修整家乡被战乱破坏的河道系统。郭守敬不辱使命，圆满完成了这份差事，著名

---

① 张帆. 郭守敬与通惠河［J］. 文史知识，2003（7）：11-16.

② 宋濂. 元史·列传第五十一·郭守敬传［M］. 北京：中华书局，2016.

文学家元好问曾专门为此写了一篇《邢州新石桥记》:"乃命里人郭生立准计工,镇抚李质董其事。分画沟渠,三水各有归宿。"其中郭生指的就是郭守敬,他因地制宜地规划了 3 条沟渠,并挖掘出了埋没近 30 年的古桥"鸳水桥"。

中统三年(1262 年),在左丞张文谦的推荐下,元世祖忽必烈于开平府召见了郭守敬。郭守敬向忽必烈面陈水利六事:"其一,中都旧漕河,东至通州,引玉泉水以通舟,岁可省雇车钱六万缗。通州以南,于兰榆河口径直开引,由蒙村跳梁务至杨村还河,以避白浮鸡淀盘浅风浪远转之患。其二,顺德达泉引入城中,分为三渠,灌城东地……"①世祖闻之大喜,叹曰:"任事者如此,人不为素餐矣。"随即,忽必烈任命郭守敬为提举诸路河渠,掌管各地河渠的修整和管理工作。两年后,郭守敬奉命修浚西夏(今宁夏一带)境内的唐来、汉延等古渠,更立闸堰,灌溉当地的农田。当地百姓感念他的恩德,为他修建了生祠。

至元十三年(1276 年),都水监并入工部,郭守敬任工部郎中。同年,忽必烈根据刘秉忠生前建议,命张文谦等主持修订公历,郭守敬与王恂受命率南北日官进行实测。郭守敬提出了"历之本在于测验,而测验之器莫先仪表",意思就是治历的根本在于测量,测量的工具首先在于仪器。3 年之后,郭守敬带着最新制作的司天浑仪、简仪、高表等众多仪器面见忽必烈,陈述各自的功能,忽必烈一直听到晚上都没觉得疲累。随后,郭守敬领导开展了全国范围的天文测量,后世称之为"四海测验",得到翔实的数据后,郭守敬开始公历编纂工作。此间,编纂骨干先后去世或辞归,因为郭守敬的坚守,编纂工作历时 4 年终于完成了,公历命名为《授时历》。《授时历》中计算的地球公转时间与实际仅相差 26 秒,比西方的通用历法早了 300 年,是中国历史上一部精良的历法。

至元二十八年(1291 年),郭守敬任都水监,向忽必烈提出了有关水利的 11 件大事。其中之一就是开辟昌平白浮泉接济漕运,整修大都至通州的运粮河道。郭守敬向朝廷建言:"不用一亩泉旧源,别引北山白浮泉水,西折而南,经瓮山泊,自西水门入城,环汇于积水潭,复东折而南,出南水门,合入旧运粮河。每十里置一闸,比至通州,凡为闸七,距闸里许,上重置斗门,互为提阏,以过舟止水。"①(图 4-27)忽必烈对这一方案给予莫大的肯定,要求丞相以下官员在动工之日一律到工地劳动,听从郭守敬指挥(图 4-28)。

河道开通后,自通州而来的粮船,沿河道溯流而上,直抵积水潭。当时忽必烈恰巧自上京和林回来,途经万宁桥,看到江南的漕船成群结队驶来,积水潭上桅杆林立,十分欢喜,对郭守敬大加赞赏,将这条水道赐名为"通惠河"。新开辟的水道为大都城注入了新的活力,同时也成为城市水利体系的重要组成部分。

---

① 高文瑞.元大都:郭守敬巧妙治水 [N].北京日报,2016-08-04 (14).

图4-27 郭守敬主持的白浮引水工程旧迹

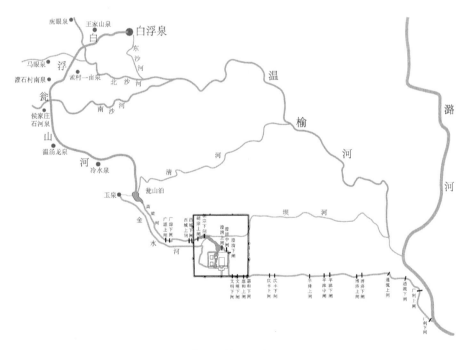

图4-28 郭守敬主持的通惠河工程示意图

通惠河修建之后，郭守敬的声誉又上升到一个新高度。至元三十一年（1294年），郭守敬任昭文馆大学士，兼知太史院事。大德七年（1303年），元成宗专门下诏：凡年满70岁的皆可退休，唯独郭守敬，因为朝廷还有工作依靠他，不准退休。此时郭守敬已是耄耋之年，过了70岁的年纪还不准他退休，可以看出朝廷对他的依赖（图4-29）。

(a) 浑仪　　　　　　　　　　　(b) 简仪

图 4-29　郭守敬发明的浑仪和简仪

　　元仁宗延祐三年（1316 年），郭守敬去世，享年 86 岁。86 年的岁月，在漫长的岁月中犹如昙花一现，但郭守敬却在短暂的人生里完成了诸多伟大的功绩。这些功绩不仅对元代的水利、历法、仪象产生了深远的影响，同时至今仍福荫北京、泽被后世。

（本篇撰稿人：董艳丽）

图片来源

第一章　碧水纵横

图 1-1　五大水系冲积扇，选自《历史上的水与北京城》
北京市文史研究馆．历史上的水与北京城［M］．北京：北京出版社，2016．

图 1-2　永定河（卢沟桥段），黄鹤团队拍摄

图 1-3　北运河（大运河森林公园段），李晓玉拍摄

图 1-4　潮白河，周坤朋拍摄

图 1-5　拒马河，工鹏拍摄

图 1-6　永定河水系图，选自《历史上的水与北京城》
北京市文史研究馆．历史上的水与北京城［M］．北京：北京出版社，2016．

图 1-7　戾陵堰、车箱渠位置示意图，选自《戾陵堰、车箱渠所在位置及相关地物考辨》
吴文涛．戾陵堰、车箱渠所在位置及相关地物考辨［J］．北京社会科学，2012
（05）：88-95．

图 1-8　金中都和金口河示意图，尚君慧绘

图 1-9　石景山永定河古堤——庞村石堰，周坤朋拍摄

图 1-10　2016 年永定河下游河床，巴路拍摄

图 1-11　永定河晓月湖和宛平湖，周坤朋拍摄

图 1-12　在山谷中蜿蜒穿切的永定河，李明兼拍摄

图 1-13　永定河山峡，周坤朋拍摄

图 1-14　京西古道概貌，选自《是蹄窝，不是壶穴——北京西山古道蹄窝成因考》
苏德辰．是蹄窝，不是壶穴：北京西山古道蹄窝成因考［J］．地质论评，
2016，62（3）：693-708．

图 1-15　玉河古道峰口鞍段蹄窝特征，选自《是蹄窝，不是壶穴——北京西山古道蹄窝
成因考》
苏德辰．是蹄窝，不是壶穴：北京西山古道蹄窝成因考［J］．地质论评，
2016，62（3）：693-708．

图 1-16　永定河流域的京西古道示意图，周坤朋绘

图 1-17　水经注中高梁河河道示意图，周坤朋绘

图 1-18　金代白莲潭示意图，尚君慧绘

图 1-48　明清北京水系源流示意图，周坤朋绘

图 1-49　清末西南角护城河，选自《北京的城墙和城门》

　　　　喜龙仁．北京的城墙和城门［M］．林稚晖，译．北京：新星出版社，2018.

图 1-50　20 世纪 20 年代的内城东垣外东直门迤南护城河上行船，选自《旧京图说》

　　　　北京日报《旧京图说》编写组．旧京图说［M］．北京：北京日报出版社，2016.

图 1-51　清末西直门外的护城河，选自《北京的城墙和城门》

　　　　喜龙仁．北京的城墙和城门［M］．林稚晖，译．北京：新星出版社，2018.

图 1-52　1946 年的内城东南角楼东北侧—大通桥西内外城护城河汇合处，选自《旧京
　　　　图说》

　　　　北京日报《旧京图说》编写组．旧京图说［M］．北京：北京日报出版
　　　　社，2016.

图 1-53　凉水河，周坤朋拍摄

图 1-54　永济渠行径示意图，选自《明清漕运史》

　　　　彭云鹤．明清漕运史［M］．北京：首都师范大学出版社，1995.

图 1-55　永济渠旧址半截河，周坤朋拍摄

图 1-56　历史上永定河下游变迁示意图，选自《北京水史（上）》

　　　　北京市政协文史和学习委员会．北京水史：上［M］．北京：中国水利水电出
　　　　版社，2013.

图 1-57　金中都水关遗址，周坤朋拍摄

图 1-58　曾经污染严重的凉水河，董艳丽拍摄

图 1-59　凉水河（张家湾段），周坤朋拍摄

第二章　古都镜水

图 2-1　北京西站和莲花池，石头拍摄

图 2-2　古代蓟城近郊的河湖水系与主要灌溉渠道，选自《北京城的生命印记》

　　　　侯仁之．北京城的生命印记［M］．北京：生活·读书·新知三联书店，2009.

图 2-3　金中都水系示意图，尚君慧绘

图 2-4　莲花池平面示意图，尚君慧绘

图 2-5　莲花河现状，周坤朋拍摄

图 2-6　莲花池现状，周坤朋拍摄

图 2-7　金代钓鱼台位置示意图，周坤朋据《北京城的生命印记》改绘

　　　　侯仁之．北京城的生命印记［M］．北京：生活·读书·新知三联书店，2009.

图 2-8　清光绪年间玉渊潭上下游水道图，选自《水和北京：城市水系变迁》

　　　　李裕宏．水和北京：城市水系变迁［M］．北京：方志出版社，2004.

图 2-9　养源斋，周坤朋拍摄

图 2-10 玉渊潭水系示意图，尚君慧绘

图 2-11 钓鱼台内部环境，周坤朋拍摄

图 2-12 在颐和园内远眺玉泉山，周坤朋拍摄

图 2-13 玉泉山各泉位置图，选自《玉泉为什么湮没了》
　　　　朱晨东. 玉泉为什么湮没了 [J]. 北京水务，2016（1）：60-62.

图 2-14 玉泉山诸湖，周坤朋根据百度地图改绘

图 2-15 静明园平面图，选自《北京古建筑地图（中）》
　　　　胡介中，李路珂，袁琳. 北京古建筑地图：中 [M]. 北京：清华大学出版
　　　　社，2011.

图 2-16 金中都城宫苑水系与主要灌溉渠道，选自《北京城的生命印记》
　　　　侯仁之. 北京城的生命印记 [M]. 北京：生活·读书·新知三联书店，2009.

图 2-17 元代金水河示意图，周坤朋根据《历史上的水与北京城》改绘
　　　　北京市文史研究馆. 历史上的水与北京城 [M]. 北京：北京出版社，2016.

图 2-18 高水湖、养水湖、金河位置图，选自《泓澄百顷的高水湖、养水湖》
　　　　李裕宏. 泓澄百顷的高水湖、养水湖 [J]. 北京规划建设，2004（1）：172-173.

图 2-19 明清北京与附近水系图，选自《古代北京城市水系规划对现代海绵城市建设的
　　　　借鉴意义》
　　　　张涛，王沛永. 古代北京城市水系规划对现代海绵城市建设的借鉴意义 [J].
　　　　园林，2015（7）：21-25.

图 2-20 设色山水，黄宾虹绘

图 2-21 清代利用引水石槽汇集西山诸泉，选自《北京城的生命印记》
　　　　侯仁之. 北京城的生命印记 [M]. 北京：生活·读书·新知三联书店，2009.

图 2-22 明代西湖和清代昆明湖变化对比示意图，尚君慧绘

图 2-23 杭州西湖与昆明湖，周坤朋拍摄

图 2-24 万寿山和昆明湖，石头拍摄

图 2-25 昆明湖总平面示意图，周坤朋绘

图 2-26 卢沟桥与十七孔桥，周坤朋拍摄

图 2-27 颐和早春，石头拍摄

图 2-28 三海大河示意图，根据侯仁之《什刹海志》绘制
　　　　侯仁之. 什刹海志 [M]. 北京：北京出版社，2002.

图 2-29 金代白莲潭示意图，尚君慧绘

图 2-30 以什刹海为都城规划的依据，选自《什刹海志》
　　　　侯仁之. 什刹海志 [M]. 北京：北京出版社，2002.

图 2-31 元大都积水潭示意图，周坤朋绘

图 2-32 白浮泉引水路线示意图，周坤朋根据《历史上的水与北京城》中"元代通惠河

示意图"改绘

北京市文史研究馆．历史上的水与北京城［M］．北京：北京出版社，2016.

图 2-33 明代中后期什刹海示意图，尚君慧绘

图 2-34 清代什刹海周边水系状况示意图，周坤朋绘

图 2-35 清代什刹海周边王府分布示意图，周坤朋绘

图 2-36 什刹海现状，周坤朋拍摄

图 2-37 什刹海，周坤朋拍摄

图 2-38 什刹海商业街，周坤朋拍摄

图 2-39 什刹海初春，周坤朋拍摄

图 2-40 前海荷花，周坤朋拍摄

图 2-41 西海景色，周坤朋拍摄

图 2-42 什刹海区域可考名园古刹分布图，选自《萃锦园造园艺术研究》

黄灿．萃锦园造园艺术研究［D］．北京：北京林业大学，2012.

图 2-43 南海子，吴礴拍摄

图 2-44 清代南苑水系景观分布图，选自《清代南苑历史研究与保护利用》

王思远．清代南苑历史研究与保护利用［D］．北京：北京建筑大学，2020.

图 2-45 清代南苑主要构成要素地理位置分布图，选自《清代南苑历史研究与保护利用》

王思远．清代南苑历史研究与保护利用［D］．北京：北京建筑大学，2020.

图 2-46 南海子公园，吴礴拍摄

图 2-47 广源闸遗迹，周坤朋拍摄

图 2-48 明代南长河"别港"示意图，选自《源远流长的高梁河（长河）》

李裕宏．源远流长的高梁河（长河）［J］．北京规划建设，2004（2）：150-153.

图 2-49 双林寺塔遗址，王宇洁拍摄

图 2-50 紫竹院内的长河，周坤朋拍摄

图 2-51 紫竹禅院，周坤朋拍摄

图 2-52 紫竹院水系示意图，尚君慧绘

图 2-53 紫竹院的清幽环境，周坤朋拍摄

图 2-54 金中都太宁宫示意图，选自《古都变迁说北京》

陈平．古都变迁说北京［M］．北京：华艺出版社，2013.

图 2-55 大都皇城平面示意图，选自《中国古典园林史》（第 3 版）

周维权．中国古典园林史［M］．3 版．北京：清华大学出版社，2008.

图 2-56 元（左）、明（右）太液池三海三山格局与地理概念的流转，选自《隐没的皇城》

李纬文．隐没的皇城［M］．北京：文化艺术出版社，2022.

图 2-57 明北京皇城的西苑及其他大内御苑分布图，选自《中国古典园林史》（第 3 版）

周维权．中国古典园林史［M］．3 版．北京：清华大学出版社，2008.

第三章　古桥往事

图 3-26　朝宗桥石碑，刘烨辉拍摄

图 3-27　桥上车辆过往，刘烨辉拍摄

图 3-28　紫禁城中的内、外金水桥，选自《北京城的生命印记》

　　　　侯仁之．北京城的生命印记［M］．北京：生活·读书·新知三联书店，2009.

图 3-29　元大都宫殿中的周桥，周坤朋根据《北京中轴线上的桥梁》改绘

　　　　王锐英．北京中轴线上的桥梁［M］．北京：光明日报出版社，2022.

图 3-30　外金水桥，周坤朋拍摄

图 3-31　内金水桥，周坤朋拍摄

图 3-32　金水河与金水桥，何立新拍摄

图 3-33　银锭桥题字，周坤朋拍摄

图 3-34　什刹海美景，周坤朋拍摄

图 3-35　银锭桥西侧，周坤朋拍摄

图 3-36　站在银锭桥上向西远眺（后海），周坤朋拍摄

图 3-37　桥下小船悠悠，周坤朋拍摄

图 3-38　落日余晖，周坤朋拍摄

图 3-39　醇亲王府，周坤朋拍摄

图 3-40　宋庆龄故居，周坤朋拍摄

图 3-41　琉璃河流域图，周坤朋根据《北京水史（上）》中"琉璃河流域图"改绘

　　　　北京市政协文史和学习委员会编．北京水史（上）［M］．北京：中国水利水电

　　　　出版社，2013.

图 3-42　琉璃河大桥现状，周坤朋拍摄

图 3-43　拱券结构和"船"形墩台，周坤朋拍摄

图 3-44　琉璃河大桥主体结构，周坤朋拍摄

图 3-45　琉璃河大桥桥面，周坤朋拍摄

图 3-46　琉璃河大桥拱券镇水兽，周坤朋拍摄

第四章　因漕而盛

图 4-1　隋代南北大运河，选自《京杭大运河时空演变》

　　　　毛锋，吴晨，吴永兴，等．京杭大运河时空演变［M］．北京：科学出版社，2013.

图 4-2　琉璃河西周燕都城址图，选自《水乡北京》

　　　　王同帧．水乡北京［M］．北京：团结出版社，2004.

图 4-3　辽南京城复原示意图，选自《水乡北京》

　　　　王同帧．水乡北京［M］．北京：团结出版社，2004.

图 4-4　金中都城宫苑水系与主要灌溉渠道，选自《北京城的生命印记》

　　　　侯仁之．北京城的生命印记［M］．北京：生活·读书·新知三联书店，2009.

图 4-5　元朝开通的京杭大运河示意图，选自《京杭大运河时空演变》

　　毛锋，吴晨，等 . 京杭大运河时空演变 [M] . 北京：科学出版社，2013.

图 4-6　白浮堰与通惠河示意图，选自《京杭大运河时空演变》

　　毛锋，吴晨，等 . 京杭大运河时空演变 [M] . 北京：科学出版社，2013.

图 4-7　元大都平面复原图，选自《辽夏金元——草原帝国的荣耀》

　　杭侃 . 辽夏金元：草原帝国的荣耀 [M] . 上海：上海辞书出版社，2001.

图 4-8　乾隆年间大运河上的景色，选自《1793 英国使团画家笔下的乾隆盛世：中国人
　　的服饰和习俗图鉴》

　　亚历山大 . 1793 英国使团画家笔下的乾隆盛世：中国人的服饰和习俗图鉴
　　[M] . 沈弘，译 . 杭州：浙江古籍出版社，2006.

图 4-9　南新仓和禄米仓遗址，周坤朋拍摄

图 4-10　古代北京四大古道之京榆大道，选自《北京古建筑地图（中）》

　　王南，胡介中，李路珂，等 . 北京古建筑地图：中 [M] . 北京：清华大学出版
　　社，2011.

图 4-11　通州位置示意图，根据《北京城的生命印记》改绘

　　侯仁之 . 北京城的生命印记 [M] . 北京：生活·读书·新知三联书店，2009.

图 4-12　金中都城近郊河渠水道——闸河，选自《北京城的生命印记》

　　侯仁之 . 北京城的生命印记 [M] . 北京：生活·读书·新知三联书店，2009.

图 4-13　元大都城通惠河源流图，选自《北京城的生命印记》

　　侯仁之 . 北京城的生命印记 [M] . 北京：生活·读书·新知三联书店，2009.

图 4-14　通州城池示意图，选自《古韵通州》

　　杜宏谋 . 古韵通州 [M] . 北京：文物出版社，2006.

图 4-15　潞河督运图（局部），（清）江萱绘

图 4-16　通州八景之古塔凌云、二水汇流、波分凤沼，选自北京市通州区文学艺术界联
　　合会《通州景色：通州八景及通州新景美术创作专辑》

图 4-17　萧太后河示意图，选自《北京地方志·古镇图志丛书 张家湾》

　　孙连庆 . 北京地方志·古镇图志丛书：张家湾 [M] . 北京：北京出版社，2010.

图 4-18　皇木厂村口的花斑石，周坤朋拍摄

图 4-19　皇木厂古槐，周坤朋拍摄

图 4-20　经由运河运来修建京城的皇木，周坤朋拍摄

图 4-21　南面城楼和运通桥，周坤朋拍摄

图 4-22　明初至嘉靖七年（1528 年）通州运河水系格局与码头分布，选自《明清北京
　　通州运河水系变化与码头迁移研究》

　　陈喜波，韩光辉 . 明清北京通州运河水系变化与码头迁移研究 [J] . 中国历
　　史地理论丛，2013（1）：107-116.

图 4-23　明代通惠河及五闸二坝，选自《明清北京通州城漕运码头与运河漕运之关系》

　　　　陈喜波，邓辉．明清北京通州城漕运码头与运河漕运之关系［J］．中国历史

　　　　地理论丛，2016（2）：69-77.

图 4-24　土坝、石坝示意图，选自《古韵通州》

　　　　北京市通州区政协文史资料委员会．古韵通州［M］．北京：文物出版社，2006.

图 4-25　今大观楼和西海子葫芦头，周坤朋拍摄

图 4-26　郭守敬像，蒋兆和绘

图 4-27　郭守敬主持的白浮引水工程旧迹，周坤朋拍摄

图 4-28　郭守敬主持的通惠河工程示意图，尚君慧绘

图 4-29　郭守敬发明的浑仪和简仪，周坤朋拍摄